LES

ANIMAUX AMIS DE L'HOMME.

2ᵉ SÉRIE P. IN-8°.

Eugène Adam et Cⁱᵉ

LES
ANIMAUX

AMIS DE L'HOMME

LEURS INSTINCTS, LEUR UTILITÉ

PAR A. DRIOU.

LIMOGES

EUGÈNE ARDANT et Cie, ÉDITEURS.

LES
ANIMAUX

AMIS DE L'HOMME

———◦❖◦———

I

Je suis membre de la Société protectrice des animaux.

C'est vous dire, cher lecteur, et c'est proclamer hautement que, à mes yeux, le chien, le chat, le cheval, et *tutti quanti*, en un mot les généreux auxiliaires du simple ménage, des palais et de la ferme, sont des amis de l'homme, alors même que le Créateur des mondes a créé ce dernier pour être le roi des animaux.

Roi, soit! mais au moins ce roi doit-il être le père de ses sujets, et non leur tyran, et non leur bourreau!

Aussi jugez combien je suis indigné, quelle colère s'élève et gronde dans ma poitrine, quelle sainte fureur me brûle le sang, quand je vois d'ignobles cochers et d'infâmes charretiers frapper cruellement les pauvres chevaux confiés à leurs soins et dont le travail pénible les fait vivre; de stupides chasseurs, pour dissimuler leur amour-propre compromis, battre inhumainement leurs chiens sous de vains prétextes; d'avides spéculateurs user de tortures sans nom sur de misérables bêtes, pour les engraisser plus promptement et à moins de frais, les uns; les autres, livrer de pauvres haridelles hors de service à la morsure incessante d'innombrables annélides qui les sucent et les dévorent jusqu'à ce que mort s'en suive; et enfin des savants, oui des savants, qu'ils appartiennent à l'école d'Alfort ou au collége de France, se délecter, se vautrer dans les inimaginables orgies de la vivisection.

Savez-vous ce que c'est, la vivisection?

Apprenez-le, c'est Voltaire qui va vous le dire :

« — Des barbares saisissent un chien, qui

l'emporte prodigieusement sur l'homme en amitié. Ils le clouent sur une table... et ils le dissèquent... vivant... pour en mettre au jour les veines mésaraïques... Homme, tu découvres alors dans ce chien tous les mêmes organes de sentiment qui sont en toi; réponds-moi donc, machiniste, la nature a-t-elle arrangé tous les ressorts du sentiment dans cet animal, afin qu'il ne sente pas? A-t-il des nerfs pour qu'il soit impassible?... Garde-toi de supposer cette impertinente contradiction dans la nature! »

Apprenez-le, c'est la Société protectrice des animaux qui va vous le révéler, à son tour :

— La vivisection est une opération faite à l'aide d'un fer tranchant sur un animal *vivant*, chien ou cheval de préférence, après les avoir réduits à une immobilité absolue au moyen d'appareils spéciaux. Une fois dans cette contrainte horrible déjà, car le travail dure toujours plusieurs heures, on met à nu les chairs de ces pauvres créatures, on fouille jusque dans leurs intestins, on pénètre jusqu'à leur cœur, on fait des essais avec le feu, l'acier, sur les parties les plus sensibles de leur corps, et enfin, à la suite d'une étude plus ou moins longue, on répare les plaies, on coud les fissures, on étanche les perforations, on calfeutre les ouvertures béantes, afin de faire servir le même animal *vivant*, jusqu'à *soixante fois*, à ces mêmes vivisections...

Soixante opérations de toute nature sur une misérable bête, vieillie avant l'âge par des travaux excessifs, exténuée par conséquent, mourant sans cesse pour revivre encore, et ne mourir que tuée par la douleur!...

Vous frémissez, n'est-ce pas?... Vous devez entendre cependant tout ce que j'ai à vous dire, car je veux prémunir la jeunesse de notre siècle contre ses travers, et je tiens à lui inspirer le respect de toute œuvre sortie des mains de Dieu, en lui faisant connaître aussi bien les abus qui se commettent dans l'ombre, que les cruautés qui s'exercent au grand jour.

Or, voyez un peu ce qui se passe.

Nous demandons à grands cris l'abolition de la peine de mort; nous ne voulons plus de ces massacres humains que l'on appelle batailles; les engins de guerre qui tirent plus

ou moins de coups à la minute, nous les ran-
geons parmi les objets d'art et de curiosité.
En un mot, nous désirons la paix entre tous
les peuples, mieux que la paix, la fraternité.
A merveille!

Mais alors pourquoi tolérer sur la voie publique ces cruautés contre les chevaux, par
exemple, cruauté dont le peuple s'affriande,
car du moment qu'un membre de la Société
protectrice des animaux s'interpose entre la
victime et le bourreau, il est d'abord menacé,
outragé, quelquefois même frappé par ce dernier, auquel vient en aide le badaud arrêté
sur le trottoir et qui, à son tour, honnit et
insulte le protecteur. Cela m'est arrivé vingt
fois.

Aussi je dis que par l'effusion du sang dans
la vivisection, on habitue l'œil du curieux à
la souffrance des animaux et on endurcit son
cœur, on tue sa sensibilité naturelle; on le
conduit peu à peu à l'amour de la douleur
chez les autres, comme les combats de gla-
diateurs à Rome, et les *corridas de toros* en
Espagne, ont porté ces peuples à crier sur
toutes choses : *Panem et circenses! Du pain et
du sang !*   1.

Car la vivisection ne se pratique pas uniquement dans les amphithéâtres des écoles, hélas! Comme elle sourit bientôt aux élèves de ces cours, ces jeunes messieurs, sous prétexte de science, ne trouvent rien de plus charmant que de répéter ensuite leurs leçons sur d'autres animaux, *vivants* bien entendu, qu'ils se procurent *per fas et nefas,* et dont, de leurs mains inhabiles ils charcutent les chairs, et dont ils offrent les inexprimables agonies en spectacle, dans leurs chambres, à qui veut en jouir... Et cela lentement, froidement, sans le moindre sentiment de compassion.

Dès lors, d'où vient, dites-le moi, cet amoncellement de scènes de sauvagerie à la porte des tavernes, des cabarets, des salles de bal?... Pourquoi ce redoublement d'attaques nocturnes, féroces pour la plupart, dans les rues de Paris et d'ailleurs?... Comment se fait-il que les assassins opèrent en grand actuellement, comme les empoisonneurs de Marseille et les infanticides de Montauban, qui ont entassé des cadavres?...

Et nous sommes au XIXe siècle !

C'est vrai, malheureusement la foi défaille, et il semble par moments que le flambeau de l'Évangile veuille s'éteindre. Mais c'est que, aussi, on ne réprime pas assez énergiquement cette tendance à la barbarie vers laquelle nous nous acheminons.

Ah! faites bien attention à votre petit chien, Madame, vous qui le tenez dans du coton. Un rôdeur à l'affût peut vous l'enlever soudain, et, une fois volé, le vendre à un vivisecteur qui s'amusera beaucoup à le déchirer tout vif, après lui avoir ficelé solidement le museau pour l'empêcher de crier!...

Et ils vous disent, ces aimables personnages, que c'est pour donner au praticien l'assurance et l'habileté nécessaires dans les opérations chirurgicales et vétérinaires, ou bien pour rechercher dans les bêtes les causes des maladies de l'homme, les degrés de sensibilité...

Mais alors opérez sur des cadavres...

Pourtant, disons-le, il y a progrès. L'autorité a suspendu *provisoirement* les opérations pratiquées sur les animaux vivants, dans les écoles vétérinaires. Puis, après avoir en-

tendu une commission spéciale, elle a réduit
dans une proportion notable le nombre de ces
exécutions sur un même animal, qui désormais n'aura plus à subir soixante agonies...

Pendant la révolution de 93, les plus terribles des sbires du pouvoir d'alors furent des
bouchers. En vérité, un vivisecteur n'est autre qu'un boucher, et encore le boucher tue,
et le vivisecteur égorge, fait souffrir, rend la
vie, rappelle la mort, et ainsi jusqu'à ce que
la nature épuisée accorde enfin le coup de
grâce...

Dieu ne nous a pas donné deux âmes : l'*une*
cruelle envers les animaux, et l'*autre* bien-
veillante envers les hommes...

C'est le vicomte de Valmer qui l'a dit, et le
vicomte de Valmer aura tout le monde de son
avis, les vivisecteurs exceptés.

Il est vrai qu'ils ne croient peut-être pas à
l'âme!

⁀I

En toutes choses il faut des contrastes. Les
contrastes aident l'esprit à mieux discerner

le bien du mal. Permettez-moi donc d'avoir recours aux contrastes.

Si je mets quelque peu à l'épreuve la sensibilité de mes lecteurs, ils n'en comprendront que mieux la nécessité de la compassion pour les animaux, et j'aurai atteint mon but.

« — Car enfin s'il n'y a pas une âme qui palpite dans la poitrine de ces créatures, il y a au moins un instinct qui vibre... écrit Léon Gozlan. Il n'y a plus rien pour elle, au-delà de cette vie : mais alors que cette vie ne leur soit pas trop affreuse !... »

Sur le même sujet un mot, un mot du profond penseur Leibnitz :

« — Les animaux sont composés, aussi bien que nous, de deux éléments, l'un matériel, l'autre immatériel. »

Vous voyez que nous entrons en plein dans les contrastes de la pensée humaine avec les horribles pratiques des vivisecteurs et des tourmenteurs des animaux.

Mais nous allons exposer plus largement encore ces contrastes encourageants de la sagesse et de l'esprit honnête, qui, connus,

expliqués, mis au grand jour, amèneront peu
à peu sans doute la compassion dans l'âme de
l'homme, jusque-là le plus rétif et le plus porté
à la barbarie.

Je m'adresse surtout à vous, jeunes gens
qui me lisez, joyeux enfants blonds et roses,
jeunes filles dont le cœur s'épanouit comme
une fleur, prêt à souffrir au moindre froisse-
ment, comme la fleur elle-même. Aussi laissez-moi vous instruire et ouvrir votre sensibilité à l'endroit des pauvres animaux, l'orne-
ment de la création et les auxiliaires de
l'homme.

Avant tout, écoutez ce que nous dit l'Écri-
ture sainte :

« — Si dans vos promenades vous trouvez
un nid sur un arbre ou sur le bord des chemins, épargnez la mère et les petits...» recommande le *Deutéronome*, au chapitre 22.

Après Dieu, les poètes.

Après les poètes, les philosophes, les mora-
listes :

« — Les premières obligations d'une âme
sensible et intelligente sont d'avoir une affection fraternelle pour nos semblables, et même

de la compassion, de la pitié, des égards pour la partie brute de la création... » écrit le sage Newton.

Ecoutez la flétrissure qu'imprime aux bourreaux des animaux le savant Geoffroy Saint-Hilaire :

« — Celui qui maltraite un animal n'est pas seulement coupable envers l'animal, il le sera bientôt envers ses semblables, envers ceux qu'il aime. J'ajoute qu'il l'est aussi envers lui-même. Il est sa propre victime, d'autant plus à plaindre qu'elle ne sent pas son mal. Sans doute son sang, à lui, ne coule pas; ses membres ne sont pas meurtris, ni couverts de plaies; mais il est atteint plus profondément encore, car il l'est dans ce qui le fait homme, dans son âme, qu'il abrutit et qu'il dégrade.

» En effet, ajoute-t-il, le lâche qui frappe un animal sans défense, parfois capable de se défendre, mais trop bon pour rendre le mal; le malheureux qui, ivre de vin et de colère, blesse le serviteur qui le fait vivre, n'est plus un homme, mais une brute... Il n'est plus l'être que le Créateur s'était plu à former à

son image, et qui a profané tous les dons di-
vins... Il n'est plus qu'un roi déchu, tombé
par sa faute au rang de ses plus vils sujets !... »

« — D'ailleurs, dit Gall, les brutes, objets
de tous les mépris de l'ignorance de l'homme,
partagent cependant tant de choses avec lui,
que le naturaliste se trouve quelquefois em-
barrassé pour dire où l'animalité finit... et où
commence l'humanité. »

Une courte histoire d'Alfred de Nore, pour
égayer un moment ces pages sérieuses :

« — Napoléon parcourait avec ses officiers
le champ de bataille de Bassano, lorsqu'il fut
attiré vers un point par des gémissements qui
augmentaient à mesure qu'il approchait. Arrivé sur le lieu d'où ils partaient, il trouve un
pauvre chien qui léchait la figure d'un soldat
mort, un chien qui ne voulait pas abandonner
le cadavre de son maître...

» — Rappelé par cet animal à des sentiments naturels, s'écriait l'Empereur, chaque
fois qu'il racontait ce fait, je ne vis plus que
des hommes là où un moment auparavant je
je ne voyais que des choses. Retirons-nous,

dis-je alors à ceux qui m'accompagnaient ; ce chien nous donne une leçon d'humanité ! »

Oublions un instant le philosophe et le poète, cher lecteur, et voyons l'impie et haineux Voltaire.

« — Vous n'aimez guère la chose rustique, écrit-il quelque part, et moi je l'aime fort. En me promenant dans mes prairies, je caresse mes bœufs, et ils me font des mines... »

Un de ses plus grands plaisirs était de rendre à la liberté et au ciel bleu les oiseaux qu'il trouvait captifs.

Vous le voyez : le penseur se proclame ici le défenseur de l'intelligence des animaux. Il ajoute plus loin :

« — Est-ce parce que je te parle que tu juges que j'ai du sentiment, de la mémoire, des idées ?...

» Eh bien ! je ne te parle pas, mais tu me vois entrer chez moi l'air affligé, chercher un papier avec inquiétude, ouvrir le bureau où je me souviens de l'avoir enfermé, le trouver, le lire avec joie. Tu juges que j'ai éprouvé le sentiment de l'affliction et celui du plaisir, que j'ai de la mémoire et de la connaissance.

» Porte donc le même jugement sur ce chien
qui a perdu son maître, qui l'a cherché dans
tous les chemins avec des cris douloureux;
qui entre dans la maison, agité, inquiet; qui
descend, qui monte, qui va de chambre en
chambre, qui trouve enfin dans son cabinet le
maître qu'il aime, et qui lui témoigne sa joie
par la douceur de ses cris, par ses sauts et par
les caresses les plus tendres... »

Maintenant voici une feuille détachée des
Mémoires d'outre-tombe, de M. de Château-
briand. Elle flagelle les Français, au profit des
Anglais et des Allemands, et certes! les Français méritent cette rodomontade :

« — Arrêté pour dîner, entre six et sept
heures du soir, à Maskirch, je musais à la fenêtre de mon auberge. Des troupeaux bu-
vaient à une fontaine; une génisse sautait et
folâtrait comme un chevreuil.

» Partout où l'on agit doucement avec les
animaux, ils sont gais et se plaisent avec
l'homme. Ainsi, en Allemagne et en Angleterre, on ne frappe point les chevaux, on ne
les maltraite pas de paroles : ils se rangent
d'eux-mêmes au timon; ils partent et s'arrê-

tent à la moindre émission de la voix, du plus petit mouvement de la bride.

» De tous les peuples, hélas! les Français sont les plus inhumains. Voyez nos postillons atteler leurs chevaux; ils les poussent au brancard à coups de bottes dans le flanc, à coups de manche de fouet sur la tête, leur cassant la bouche avec le mors pour les faire reculer, accompagnant le tout de jurements, de cris et d'insultes au pauvre animal.

» Chez nous, on contraint les bêtes de somme à tirer ou à porter des fardeaux qui surpassent leurs forces, et, pour les obliger d'avancer, on leur coupe le cuir à virevoltes de lanières : la férocité du Gaulois nous est restée; elle est seulement cachée sous la soie de nos bas et de nos cravates. »

Saint François d'Assise appelait les hirondelles « mes sœurs, » et cette amicale dénomination le faisait passer pour un peu fou, malgré sa sainteté. Cependant il avait raison. Les animaux ne sont-ils pas pour l'homme d'humbles frères, des amis d'un ordre inférieur, créés par Dieu comme lui, et suivant avec une placidité attendrissante la ligne qui leur a été tracée depuis le commencement du monde ?

Il est démontré par une expérience longue et assidue que l'homme peut tout obtenir de l'animal par la douceur.

Pourquoi donc user de mauvais traite-ments ?

Il n'est pas jusqu'aux animaux les plus fé-roces qui ne soient susceptibles d'éducation. M. Brehm, auteur de la *Vie des Animaux*, na-turaliste et voyageur infatigable, nous parle de ses lions, de ses panthères, de ses singes, comme d'autres parlent de leurs chevaux et de leurs chiens, et il confirme ce que je viens de dire plus haut, à savoir que tous les hom-mes qui ont vécu dans l'intimité des bêtes fé-roces les trouvent beaucoup plus faciles à ap-privoiser qu'on ne le suppose.

Ainsi M. Brehm raconte l'histoire d'une lionne qu'il a gardée pendant deux ans à la ferme qu'il habitait dans le Soudan oriental, et qui circulait librement. Elle suivait son maître comme un chien et se laissait corriger sans en garder rancune. Seulement elle s'é-tait arrogé un droit absolu sur tout ce qui

vivait à la ferme, et traitait les autres animaux avec un dédain marqué, les inquiétait
et les harcelait sans cesse pour se distraire.
Elle taquinait aussi les hommes de sa maison, mais sans jamais leur faire de mal.

Donc, concluons :

Battre un animal est une action impie et
barbare comme celle de battre un enfant.

III

« Une voiture pesamment chargée, attelée
d'un cheval et conduite par un homme, avait
à gravir une côte escarpée.

» La bête, sous le harnais, tirait avec courage.

» L'homme, armé d'un fouet, frappait avec
vigueur.

» Tous deux voulaient la même chose, l'arrivée du fardeau au sommet de la côte ; mais,
hélas! le char n'avançait guère ; parfois même
il reculait, et nos deux ouvriers étaient à bout
de forces et d'inventions.

» — Hue! criait le charretier.

» — Je voudrais bien avancer, mais je ne puis pas... pensait le cheval.

» —Ah! Rossinante... dit le premier, en appliquant un vingtième coup de fouet.

» — Cela ne me donne pas de force... pensait le second ; au contraire, je souffre un peu plus et je puis un peu moins.

» --- Ah! brigand, tu ne veux pas marcher?... Pan!...

» Et le fouet acheva l'exhortation.

» L'exhorté ne répondit rien et ne tira pas mieux. Il aurait bien voulu monter, ne fût-ce que pour éviter les coups; mais, hélas! les coups pleuvaient comme grêle, les forces de la bête s'épuisaient sous la souffrance, et son compagnon frappait toujours.

» Mais, pour ne pas médire, ne désignons personne par son nom, et laissons au lecteur le soin de reconnaître, à son rôle, chacun de nos deux personnages. L'un des deux désirait frapper l'autre, sans s'exposer lui-même à des coups; mais ce n'était pas facile, car tous deux avaient des jambes, tous deux des dents, et tous deux du fer à leur service, l'un

aux pieds en demi-cercle, l'autre aux mains,
en lame de couteau.

» L'*un* lance un coup de pied ; *l'autre* le reçoit sans se plaindre.

» L'*un* mord l'oreille de son voisin; *l'autre*
secoue la tête et ne dit rien.

» L'*un* frappe de son fer dans le ventre de
son collégue ; *l'autre* pousse un gémissement.

» L'*un* fait jaillir une étincelle et allume la
paille au pied du second ; *l'autre* brûle, bon-
dit et retombe épuisé.

» L'*un* crie, frappe, frappe encore, devient
furieux, tandis que sa victime tâche d'échapper au feu.

» Enfin l'*un* écume de rage, l'*autre* de fatigue ;

» L'*un* est rouge de sa colère, l'*autre* de son
sang.

» Ami lecteur, je vous le demande, dans ce
drame entre l'homme et le cheval, quelle est
la bête brute et quel est l'animal raisonna-
ble ?...

» Hélas! vous êtes obligé de vous pronon-
cer en faveur du cheval, à la honte de
l'homme. »

Voilà ce que nous dit Laurent de Jussieu, et voilà ce que nous voyons tous les jours.

Et cependant, d'après Buffon :

« — Le cheval se livre à l'homme sans réserve, ne se refuse à rien, sert de toutes ses forces, s'excède, et même meurt pour mieux obéir... »

Ajoutons ceci, qui a été dit par le Prophète :

« — Le bœuf et l'âne reconnaissent leur maître; tandis que l'homme oublie qu'il a son maître en Dieu!... »

Pauvre humanité! pourquoi donc se place-t-elle ainsi à chaque instant au-dessous de la brute? Et comment se fait-il que ceux même dont la raison, formée par l'éducation, devrait être l'image de la sagesse de Dieu, s'abandonnent aux mauvais penchants d'une nature corrompue, gâtée, viciée par la jouissance de la douleur, des angoisses, de l'affliction et de la souffrance chez leurs semblables?...

Une anecdote à ce sujet :

Louis XIII avait un penchant irrésistible à la cruauté; dans son enfance, il s'y livrait avec délices et raffinement, et dans le cours de sa vie il se réjouit souvent du mal qu'il faisait.

Tallemant des Réaux raconte qu'au siége de Montauban, ce prince vit sans pitié plusieurs protestants, grièvement blessés, jetés dans les fossés du château où il était logé. Ces malheureux demandaient un peu d'eau; mais Louis défendait qu'on leur en donnât. Les mouches dévoraient ces infortunés, et le prince se divertissait à les voir souffrir, et il s'amusait à contrefaire les grimaces des mourants.

Aussi Henri IV, effrayé des conséquences que pourraient avoir dans l'avenir les instincts cruels de son fils, le battait de verges de sa propre main.

En effet, un jour que le prince avait pris plaisir à écraser lentement entre deux pierres la tête d'un moineau vivant, le roi le fouetta d'importance, en disant à Marie de Médicis, qui le blâmait d'infliger à son héritier une si honteuse punition :

— Priez Dieu, Madame, que je vive longtemps, car vous pouvez bien croire que ce

méchant garçon-là vous maltraitera fort
quand je n'y serai plus...

L'histoire a démontré que ces paroles
étaient prophétiques.

Cependant Marie de Médicis devint régente,
quand le bon Henri eut été assassiné par
Ravaillac. Alors elle n'eut rien de plus pressé
que de mettre en pratique les recommanda-
tions que le roi avait faites avant de mourir
à madame de Monglas, gouvernante du petit
prince, de le fouetter toutes les fois qu'il le
mériterait, *vu qu'il n'y avait rien au monde
qui pût lui faire plus de profit que cela...*

Or, le 29 mai 1614, Louis XIII, âgé de
huit ans et huit mois, et roi de France depuis
quinze jours, fut fouetté par commandement
requis de sa mère, pour s'être opiniâtré à ne
point vouloir prier Dieu. M. de Souvré, son
gouverneur, auquel on avait donné la commission, n'y voulut mettre la main, jusqu'à
ce que, étant forcé par la reine, il fut contraint de passer outre. Le jeune roi se voyant
pris et dans la nécessité d'en passer par là :

— Ne frappez point fort, au moins... dit-il
à M. de Souvré.

Puis, peu après, il se rendit chez la reine, qui se leva aussitôt pour faire la révérence, comme de coutume.

— J'aimerais bien mieux, s'écria le prince d'un ton brusque, qu'on ne me fît point tant de révérences et tant d'honneur, et qu'on ne me fît point tant fouetter...

Henri IV avait eu raison : la cruauté envers les animaux est chez les enfants le prélude d'une vie souvent criminelle...

Louis XIII chassa de France sa mère, et Marie de Médicis mourut à soixante-huit ans, à Cologne, réduite à la misère... par son propre fils!...

Que j'aime bien mieux placer sous vos yeux, lecteur, des faits obscurs, mais généreux et nobles, qui remettent le cœur de telles sauvageries. Ceux qui vont suivre, je les prends au hasard, dans l'histoire de chaque jour.

Hier, Victor Cormier, un enfant de quatorze ans, dont les parents demeurent rue Fontaine-au-Roi, suivait la rue de Turbigo, lorsque, arrivé à la hauteur du n° 55, il aperçut sur le trottoir une petite bourse en forme de

blague à tabac. Il la ramasse, et sa première
idée est de l'ouvrir pour voir si elle ne contient pas quelque papier qui puisse en indi-
quer le possesseur. Il trouve alors des billets
de banque et de l'or pour plusieurs centaines
de francs : mais il n'y rencontre aucune let-
tre ni papier.

Aussitôt, et sans même aller s'inspirer des
conseils de ses parents, Victor Cormier s'é-
lance vers le poste de police du Marché-Saint-
Martin, et là il fait le dépôt de sa trouvaille,
en disant :

— Celui qui a perdu cette bourse doit être
bien malheureux en ce moment; puisse-t-il la
venir chercher au plus tôt!

En effet, ce matin, la bourse a été réclamée
par un pauvre garçon de service des maga-
sins du *Louvre,* qui l'avait perdue.

A merveille, cher enfant! Elevé dans de
pareils principes de probité, d'amour du pro-
chain, certes! ce ne sera jamais aux animaux
non plus que vous ferez le moindre mal...

Monsieur L***, riche manufacturier, pos-
sède, aux environs de Courbevoie, une mai-

son de campagne inhabitée durant neuf mois de l'année.

I! y a six ans de cela, un vol de linge et d'argenterie fut commis dans cette maison, pendant la nuit. Le voleur ne tarda pas à être arrêté. Hélas! c'était un malheureux que la misère avait égaré, un père de famille qui, jusque-là, avait été honnête. Monsieur L*** ne voulut pas le dénoncer à la justice. Il se contenta de reprendre les objets qui n'avaient pas été vendus, et il ne parla plus de cette affaire.

Quelques jours après, le coupable pardonné, craignant d'être montré au doigt, s'en alla habiter une autre localité.

Or, la semaine dernière, monsieur L***, passant à Epinay, remarqua devant une maison de bien pauvre apparence un mouvement peu en harmonie avec la tranquillité du village. Il s'informa des causes de ce rassemblement, et il apprit qu'on allait vendre aux enchères, par ministère d'huissier, le mobilier d'une famille réduite à la plus extrême misère.

Il y avait là, en effet, père, mère, et cinq enfants en bas âge!...

Monsieur L***, ému de compassion, s'appro-
cha de l'huissier, et apprit avec stupéfaction
que l'infortuné dont le mobilier allait être
vendu n'était autre que celui qui avait, six
ans auparavant, dévalisé sa maison de campagne de Courbevoie. Néanmoins, le généreux
manufacturier paya aussitôt la créance, sans
mot dire, et s'éloigna rapidement.

Il n'était pas arrivé aux dernières limites
du village, qu'il fut rejoint par un homme.
Celui-ci, pâle, ému, les yeux baignés de larmes, se jeta à ses genoux, sans nul souci des
passants qui pouvaient le regarder.

— Oh! Monsieur, s'écrie-t-il en sanglotant,
c'en est trop; je ne puis pas supporter tout
cela!... Une fois déjà vous m'avez sauvé du
déshonneur, maintenant vous me sauvez de
la ruine... Eh bien! je veux vous prouver que
je ne suis pas un misérable... Je veux que
vous sachiez qu'il y a quelque chose dans ce
cœur... Je suis à vous à la vie et à la mort!
Il faut que vous m'autorisiez à être votre esclave, ou je fais un malheur, car... je tiens à
m'acquitter envers vous...

Monsieur L*** n'a pas hésité : il a adopté toute la famille.

— Je suis sûr au moins d'avoir maintenant un ami dévoué... dit-il.

IV

Mais revenons à... nos moutons!

Je vous ai annoncé des leçons données au roi de la création par ses sujets; lisez et profitez :

Un habitant de la Cité, à Londres, retournait à sa maison de campagne, accompagné de son chien Tibbs. Notre Anglais s'aperçut en chemin qu'il avait emporté dans sa poche une clé dont on devait avoir besoin chez lui pendant son absence. Son chien était dressé à faire des commissions, en sorte qu'il crut pouvoir lui confier cette clé pour la rapporter à la maison. Tibbs, en effet, partit rapidement, et revint ensuite retrouver son maître. Mais celui-ci s'aperçut bien vite que l'animal s'était battu et avait la tête ensanglantée.

Ce ne fut que le soir, à son retour, qu'il apprit ce qui s'était passé. Tibbs, la clé à la gueule, avait été attaqué violemment par un chien de boucher, devant la demeure de ce dernier; mais, fidèle à son devoir, il ne s'était point dessaisi de la clé pour se défendre. Il avait alors reçu plusieurs morsures en fuyant toujours vers le domicile de son maître, où il avait enfin accompli sa mission. Mais en revenant ensuite, libre dans son allure, il s'était arrêté devant la maison du boucher ; il avait attendu là son agresseur ; puis, l'ayant vu paraître, il s'était élancé sur lui pour le châtier, et enfin, après une lutte vigoureuse, il l'avait laissé sur place, hors de combat.

Le brave Tibbs venait de montrer ainsi que le devoir doit passer avant tout, et qu'il faut l'accomplir avant de songer à ce qui nous est personnel.

Dans la vie de campagne, comme à la ville, du reste, le chien n'est-il pas le premier agrément, la meilleure jouissance, et quelquefois une consolation, un protecteur dans le péril ? Compagnon fidèle et intelligent, il marche devant son maître, que celui-ci soit à cheval, en voiture, ou qu'il chemine à pied. Au moindre danger, le brave ami dresse les oreilles, s'arrête, aboie et signale, par des intonations de voix qu'on apprend bien vite à comprendre, si l'on a affaire à un loup, à un précipice ou à un torrent impétueux qui rugit, là où naguère se trouvait un ravin presque aussi praticable qu'un vrai chemin. Guide imperturbable, servi par un instinct merveilleux qui déconcerte la science humaine, il indique au voyageur que ce dernier fait fausse route, le ramène dans la bonne voie, et le conduit tout droit où il devine que l'on veut aller.

Survient-il un accident à son maître? le chien lui prodigue des soins presque humains, le réchauffe de son haleine, lèche ses mains glacées et le retire par ses vêtements du bord d'un précipice béant. Si ses efforts restent impuissants, il prend sa course, arrive haletant à la porte du logis, aboie jusqu'à ce qu'on lui ouvre, et gémit tant, insiste tant, qu'enfin mis en éveil sur le danger auquel se trouve exposé celui qu'il aime, on suit le chien, qui sert de guide pour amener du secours à celui qui gît souvent à quelques kilomètres de là.

2.

Rappelons-nous d'autre part que le respect, les soins, les égards, les attentions pour la vieillesse, sont des obligations si naturelles, que les animaux mêmes nous en donnent quelquefois l'exemple.

M. de Boussanelle, capitaine de cavalerie au régiment de Beauvilliers, rapporte qu'un vieux cheval appartenant à un des hommes de sa compagnie étant devenu infirme au point de ne pouvoir plus broyer son foin ni son avoine, fut nourri pendant deux mois par deux jeunes chevaux entre lesquels il se trouvait placé à l'écurie. Ces deux chevaux tiraient le foin du râtelier, le broyaient dans leur propre bouche et le posaient, ainsi préparé, devant le vieux cheval. Ils en faisaient de même de l'avoine, et ils soutinrent de cette manière, aussi longtemps qu'ils purent, l'existence de leur vénérable voisin.

Quelle créature humaine ne serait admirée et aimée pour un trait de dévouement et de fidélité comme celui dont vous allez lire le récit?

Ce n'est pourtant qu'un pauvre bon animal qui en est le héros!

Un berger, qui vivait dans une des vallées qui sillonnent les montagnes de l'Ecosse, allant faire une excursion pour visiter son troupeau, emmena avec lui un de ses enfants âgé de trois ans. Cet usage est assez commun parmi les montagnards, qui accoutument ainsi de bonne heure leurs enfants à endurer les rigueurs du climat. Après avoir traversé plusieurs pâturages, accompagné de son chien, le berger voulut gravir un point escarpé, d'où ses regards pouvaient embrasser une plus grande étendue; mais comme l'enfant n'aurait pu le suivre, il le laissa au bas des rochers sur un petit plateau, en lui défendant expressément de s'éloigner de ce lieu avant son retour. A peine, cependant, avait-il atteint la cime du roc, que l'horizon fut obscurci par un de ces brouillards épais qui descendent quelquefois rapidement entre les montagnes et font en peu de minutes succéder les ténèbres à la lumière. Le père alors se hâta de revenir sur ses pas pour retrouver son enfant; mais égaré, soit par l'obscurité, soit par son trouble, il se trompa de chemin. Après une recherche infructueuse de plusieurs heures, il

s'aperçut enfin qu'il était arrivé à l'entrée de
la vallée et tout près de sa cabane. Il eût été
aussi inutile que dangereux de renouveler ses
recherches pendant la nuit; il retourna donc
à sa demeure, le cœur navré d'avoir perdu
son enfant, et ne s'apercevant pas, dans son
désespoir, qu'il avait aussi perdu son chien
fidèle.

Le lendemain, au point du jour, ce malheureux berger se remit en route, assisté de plusieurs voisins. Mais le jour s'écoula en vaines
fatigues, et la nuit vint les forcer à redescen-
dre des montagnes sans avoir rien découvert.
Cependant, en rentrant dans sa cabane, le
montagnard apprit que son chien avait re-
paru, mais qu'il s'était enfui bientôt, em-
portant un morceau de gâteau qu'on lui avait
donné.

Pendant plusieurs jours, le berger continua
les mêmes recherches, mais toujours en vain;
et, chaque soir, il trouvait en rentrant que le
chien était revenu et avait disparu de nouveau avec la nourriture qu'on lui donnait.

Frappé de la singularité de cette circons-
tance, il resta un jour à la maison, et au mo-

ment où le chien, selon sa coutume, s'en-
fuyait avec sa provision, il résolut de le
suivre.

L'animal se dirigea vers une cataracte qui
tombait à quelque distance de l'endroit où le
berger avait laissé son enfant. Les bords de
la cataracte, quoique très-rapprochés du lieu
de la chute, en étaient cependant séparés par
un abîme d'une profondeur immense, et pré-
sentaient un de ces tableaux qui étonnent si
souvent les voyageurs dans les montagnes de
l'Ecosse. Le chien n'hésita pas à descendre
au fond de l'abîme, par une route à peu près
perpendiculaire, et bientôt il disparut en entrant dans une caverne dont l'ouverture était
presque au niveau du torrent. Le berger suivit avec beaucoup de difficulté; mais qu'on
juge de son émotion lorsque, en arrivant à
l'entrée de la caverne, il aperçut son pauvre
enfant mangeant avec avidité le gâteau que
le chien venait d'apporter, tandis que ce fidèle
animal fixait sur son jeune protégé un regard
de satisfaction, de tendresse et de complai-
sance !

Il parut évident que l'enfant s'étant appro-

ché du bord du précipice, était tombé et avait
roulé, heureusement sans accident grave, jusqu'à la caverne. Le chien l'avait suivi à la
trace et l'avait ensuite empêché de mourir de
faim, en lui apportant chaque jour la nourriture nécessaire. Pendant tout ce temps, il ne
l'avait quitté ni jour ni nuit, si ce n'est pour
aller chercher leur subsistance, ce qu'il faisait le plus rapidement possible.

Puisque les animaux nous offrent ainsi parfois, sans s'en douter, des leçons si frappantes
de morale et de bonté, il ne faut pas être surpris si nous devons aussi aux indications données par leur instinct plusieurs découvertes
importantes et l'établissement de quelques
usages utiles.

Ainsi, l'histoire de la médecine l'atteste, les
animaux nous ont appris à connaître l'emploi
de plusieurs remèdes.

Le naturaliste Elien affirme que l'usage des
vomitifs fut indiqué aux Egyptiens par le vo-
missement que le chien se procure avec le
chiendent.

Ce peuple observateur, s'il faut en croire
Cicéron, apprit aussi l'usage de la saignée de

l'hippopotame, qui, quand il se trouve trop rempli de sang, se perce quelque veine en se piquant contre un roseau ou en s'écorchant contre un rocher.

L'usage du lavement est dû à l'ibis qui, absorbant quantité de petits cailloux, à l'aide de son long bec s'injecte ensuite de l'eau pour en faciliter la déjection.

Le bon effet de la salive, pour cicatriser les ulcères, a été montré par les chiens, qui guérissent leurs blessures en les léchant.

Plusieurs observateurs rapportent que les moutons qui ont des vers au foie broient de petites pierres salées qu'ils avalent ensuite, et que d'autres bestiaux hydropiques avalent des terres ferrugineuses.

Voici une histoire qui démontre bien l'intelligence du chien, et on peut la ranger parmi celles des *animaux médecins*.

Perle, griffon écossais gros comme le poing, avait été apporté d'Angleterre par le marquis de Worcester, et donné à la fameuse Ninon de Lenclos. Or, quand Ninon dînait en ville, elle amenait toujours Perle avec elle, et le plaçait dans une corbeille sur la table, près de son

assiette. Perle suivait alors d'un regard atten-
tif les mets qu'on servait à sa maîtresse, et les
contrôlait avec une dignité et un sang-froid
dignes du docteur Sangrado. Tant qu'on n'offrait à Ninon que des viandes rôties, Perle
restait paisiblement blotti dans sa corbeille;
mais si Ninon permettait qu'on lui présentât
du ragoût, il se dressait sur ses pattes, commençait à grommeler, et ne se taisait qu'après
avoir obtenu de sa maîtresse qu'elle ne tou-
chât pas à ces mets épicés.

Perle d'ailleurs prêchait d'exemple. Jamais
un blanc de volaille, jamais un os de chapon
n'obtenait même un regard de lui. Au dessert
seulement, il sortait de sa corbeille, et allait
de couvert en couvert pour recevoir successivement de chacun des convives un tout petit
morceau de macaron, qu'il grignotait du
bout de ses dents blanches et mignonnes.

Si Ninon profitait de la promenade gastro-
nomique de son chien pour se faire verser du
vin, Perle laissait là convives et macarons, revenait furieux à sa maîtresse, et poussait de
véritables hurlements de colère. Il fallait bon
gré mal gré que mademoiselle de Lenclos re-

nonçât à son verre et demandât à la singulière
petite bête si du moins elle pouvait boire un
verre d'eau. Aussitôt le chien se taisait, se
radoucissait, remuait la queue et léchait les
mains de sa dame. Après q oi maître Perle
s'endormait sur les genoux de Ninon, qui demandait à ses amis qu'ils ne devisassent
près d'elle qu'à demi-voix, pour ne point troubler la sieste de son petit médecin.

Les propriétés mêmes des plantes médicina-
les semblent nous avoir été enseignées par les
animaux.

Selon Plutarque, Cicéron et Virgile, les cerfs
et les chèvres sauvages de l'île de Crète mon-
trèrent les premiers l'emploi du dictame et
des vulnéraires.

C'est une tradition générale dans l'Inde que
le mangouste sait se garantir du venin du
serpent à lunettes au moyen de la racine ap-
pelée *ophiorrhiza-mangos.*

On dit que les belettes se défendent de même de la piqûre des aspics, au moyen de la
plante nommée *rue,* les cigognes avec *l'origan,*
les sangliers avec le lierre, l'ours avec *l'arum*

qui le purge, ou bien avec nombre de fourmis qu'il avale.

Les cerfs nous ont appris à manger les cardons et les artichauts.

Quand ils sont malades, chiens et chats ne font-ils pas diète, se contentant de boire simplement de l'eau?

On a vu des singes d'Amérique et des sapajous de la Guyane, dans leurs forêts sauvages, appliquer certaines feuilles astringentes et aromatiques mâchées sur les blessures que leur font les flèches des Indiens, et étancher leur sang avec des gommes qu'ils arrachent aux fissures des arbres.

Ainsi l'auteur de la nature, loin d'abandonner ses plus faibles créatures, leur a fourni les moyens de se garantir des maux qui peuvent les atteindre. Quand on voit les moindres insectes, au sortir de l'œuf, découvrir précisément la plante qui leur convient, le nectar caché au fond d'une fleur, il est permis de croire que les hommes n'ont pas dédaigné pour leur instruction les plus légers indices donnés par un si merveilleux instinct.

V

De l'intelligence des animaux, de certains animaux surtout, que de révélations curieuses nous aurions à faire, si nous voulions entrer dans ces détails.

Citons quelques faits seulement, et comme la musique est un art qui est l'œuvre d'une intelligence supérieure, disons quelques mots des animaux mélomanes.

L'animal mélomane par excellence paraît être la souris.

On raconte qu'une jeune fille, très-assidue à son piano, avait cru entendre, depuis quelque temps, un petit bruit inusité qui commençait chaque fois qu'elle entrait dans la chambre, et qui cessait du moment qu'elle était installée devant son piano. Elle fit part de cette remarque à ses parents, qui n'y attachèrent aucune importance.

Un jour, notre pianiste sent quelque chose qui court et s'arrête sur sa robe. Elle y porte subitement la main, et trouve une délicieuse

petite souris qui s'était enhardie jusqu'à choi-
sir pour sa stalle les genoux de la jeune musi-
cienne.

C'est M. Balleygnier qui raconte ce fait, et
il ajoute :

— L'araignée aussi, si j'en crois les toiles
qui tapissent l'intérieur de mon piano, doit
avoir un goût fort prononcé pour la musique.

M. Balleygnier a raison, témoin la fameuse
araignée mélomane de Pélisson. Mais laissons
de côté le dernier détail ayant trait à son
piano, et qui ne prouve point en faveur de sa
ménagère, et de la souris passons au rat.

Ce n'est plus d'un rat amateur de musique
dont nous allons parler, mais d'un rat, ou plutôt d'une famille de rats mettant parfaitement
en pratique les devoirs de la piété filiale.

Un fermier américain, fumant voluptueuse-
ment sa pipe sur le devant de sa porte, fut
très-surpris naguère de voir sortir d'un trou
un gros rat, qui s'avançait prudemment de manière à observer ce qui se passait dans la cour
de la ferme. Ce premier animal fut bientôt
suivi d'un autre rat qui, cauteleusement, à
son tour poussa une reconnaissance jusque

dans le voisinage des bâtiments, et alors l'un
et l'autre trouvant sans doute une sortie sans
péril, s'enfoncèrent dans ce trou et reparurent
un moment après, conduisant, chacun par
une oreille, un bon vieux rat, aveugle, à
demi paralysé par des rhumatismes sans doute, et le placèrent au grand soleil.

Là, le cacique de la gent des murins s'éplu-
cha tout à son aise, se détira, parut réchauf-
fer ses membres endoloris et aspira en bâil-
lant les doux rayons de l'astre du jour.

Pendant ce temps, ses deux guides s'étant
éloignés pour marauder dans la cour, lui rap-
portèrent des croûtes de pain, du grain, des
fèves, des détritus de végétaux, véritable
festin de Lucullus, dont il prit large part en
frétillant de la queue et en humant l'air avec
béatitude. Quand il fut bien repu et qu'il eut
savouré les émanations de la cour, notre invalide fut de nouveau happé par les oreilles, et
ses deux fils ou filles le conduisirent vers un
bassin d'eau vive où se désaltéra sans façon
le débonnaire vieillard. Enfin, après un jeu
de barres passablement prolongé entre les
jeunes mammifères, le pauvre infirme fut ra-

mené à l'orifice du trou béant, dans lequel il s'engouffra, précédé et suivi de ses deux gardes du corps.

Assurément il n'est nul besoin de se rendre dans le Nouveau-Monde pour voir semblable aventure et juger de l'intelligence du rat. Ce que je raconte là se produit chaque jour dans notre France, et il est peu de nos bons paysans qui n'ait été témoin de ces charitables procédés des jeunes rats pour les vieux et les infirmes de leur race.

Des rongeurs, rats et souris, au chat, leur cruel ennemi, il n'y a qu'un pas. Donc, quelques mots du chat.

> Gentil coquiqui,
> Coco des moustaches, mirlo joli,
> Gentil coquiqui !

Tel est le refrain d'une vieille chanson populaire du Poitou, à l'endroit du chat.

La jolie bête que le chat!... Ron-ron-ron!

Je déteste les chats, mais je les protége, non point à cause de leurs reflets chatoyants, des lueurs électriques de leur fourrure, mais parce qu'ils sont fort utiles à l'homme

On sait que le chat était révéré comme un

dieu, en Egypte... Les Egyptiens, au temps de Ptolémée, massacrèrent un Romain qui avait tué un chat par mégarde.

Notre roi de France Henri III, n'avait rien de l'Egyptien dans le caractère, à l'endroit des chats. Il éprouvait une telle aversion pour ces digitigrades, qu'il changeait de couleur et tombait en syncope quand il se trouvait en présence de l'un d'eux.

Nous aimons, nous Français, le chat quand il est jeune, parce qu'il nous amuse par ses gentillesses; nous le tolérons dans la maison, lorsqu'il est grand, parce qu'il se charge de la police à l'endroit des souris et des rats.

Par nature, les chats sont très-observateurs et ne séjournent jamais dans un endroit nouveau sans en faire d'abord une visite exacte. Ils sont bien plus attachés aux habitations qu'aux hommes. Quand on leur fait quitter leur domicile, ils abandonnent leurs maîtres pour y revenir, et cela quelquefois de très-loin. Ils font alors ce voyage de nuit et se dirigent plutôt par la vue que par l'odorat; toutefois, quelques-uns sont guidés par un flair aussi subtil que celui du chien.

L'histoire qui va servir de pièce justifica-
tive est empruntée au livre de M. Champ-
fleury, sur les chats.

Un curé de campagne fut un jour élevé en
grade et appelé à diriger les âmes d'une petite ville distante de cinq lieues de son ancienne paroisse.

Son intérieur se composait jusque-là d'une
vieille servante, d'un corbeau et d'un chat,
trois êtres qui animaient la maison. Le chat
était quelque peu voleur ; le corbeau, taquin,
sans cesse le picotait de son bec; la vieille
servante criait après l'un, après l'autre, et le
curé s'intéressait aux disputes de ce petit
monde.

Le lendemain de l'emménagement à la ville,
le chat disparut. Avec une sorte d'inquiétude,
le corbeau sautilla dans tous les coins de la
cour, cherchant son compagnon. Quant à la
vieille servante, elle semblait regretter
qu'aucun morceau de viande ne lui fût enlevé
par le chat, et le curé craignait que cette
tristesse, tournant contre lui, ne lui fît subir
l'avalanche de récriminations habituellement
réservées à l'animal.

Quelques jours après, un des anciens paroissiens du curé vint lui rendre visite et lui demanda si c'était à dessein qu'il avait laissé son chat au village. On le voyait miauler aux portes du presbytère. Certainement le paysan l'eût rapporté à son maître, s'il n'avait cru qu'on voulait s'en débarrasser.

Maître et servante ayant protesté vivement contre cette accusation d'abandon, le chat fut ramené pour leur plus grande joie ; mais l'animal disparut encore une fois, sans s'inquiéter des sentiments qu'il inspirait.

De nouveau le curé fut averti que son successeur était troublé par les gémissements du chat qui, sinistre, errait par le jardin et affectait d'offrir une désolée silhouette sur les murs du presbytère, qu'il ne voulait pas abandonner.

Une seconde fois l'animal fut ramené à la ville dans une misère affreuse. Depuis huit jours il était parti ; depuis huit jours il semblait ne pas avoir mangé. Ses os se comptaient sous sa robe sans lustre ; l'animal faisait piteuse figure. La vieille servante alors usa de soins et de prévenances pour son matou ; elle lui offrait de gros lopins de viande et laissait la porte du garde-manger ouverte comme par mégarde, flattant ainsi les instincts de l'animal.

Cependant une si grasse cuisine ne put enchaîner le chat. L'ancien foyer lui tenait au cœur. Il portait aux murs du précédent presbytère l'attachement des personnes âgées qui ne survivent pas à une expropriation. Maître matou s'enfuit donc encore, et on apprit que l'entêté Minou, plat comme une latte, poussait de lamentables miaulements qui fatiguaient le village. Il était même à craindre qu'un paysan lui envoyât un coup de fusil pour en débarrasser le canton.

La vieille servante, malgré l'ingratitude de son protégé, conservait pour lui une vive affection. Dans son bon sens, elle trouva un remède désagréable, mais qui, suivant elle, devait faire paraître la nouvelle cure un lieu de délices pour le chat

S'étant emparé de l'animal, un homme l'introduisit dans un sac et trempa sac et chat dans une mare...

L'opération faite, le matou fut ramené à ses

anciens maîtres dans un état d'extrême irrita-
tion...

Mais aussi, là se terminèrent ses escapa-
des...

Cet instinct particulier qui ramène les
chats au foyer, malgré les dangers, a été ap-
pliqué, en Belgique, à un pari où furent enga-
gées de grosses sommes. Il est de mode chez
les Flamands de faire voyager des pigeons et
de baser des paris sur l'oiseau qui, le premier,
revient à un but déterminé. Or, un paysan
paria que douze pigeons, transportés à huit
lieues de distance, ne seraient pas rentrés à
leur colombier avant que son chat, lâché au
même endroit, n'eût regagné son logis.

Le chat a la vue courte; il aime la vie sé-
dentaire; s'il buissonne, c'est dans un endroit
sec ou semé de vert gazon. L'eau et la boue
lui déplaisent; tout homme lui inspire une
profonde terreur. Le pigeon, lui, planant dans
les airs, éclappe à ces périls. Voler au loin
appartient à sa nature : la mort seule l'empê-
che de revenir à son colombier.

On se moqua donc d'autant plus du paysan
que, dans le parcours décidé, un pont sépa-

rait deux rives, et qu'il semblait impossible
que le flair du chat ne fût pas mis en défaut
par cet obstacle. Eh bien! nonobstant, le chat
triompha de ses douze concurrents. Il revint
au logis avant que les pigeons ne rentrassent
au colombier, et il rapporta ainsi à son maître une grosse somme d'argent.

De toutes les preuves que je pourrais accu-
muler pour démontrer l'intelligence des animaux, et leur sensibilité, et leurs passions,
je vous soumets celles qui suivent, au nombre
de deux. La première a trait aux animaux
qui habitent l'Océan, et la seconde à ceux qui
habitent les airs.

Pourquoi ne parlerais-je pas des poissons?
Eux aussi, n'ont-ils pas leur instinct, leurs
ruses, leurs passions, en un mot? Vous allez
en juger.

L'an dernier, de nombreux pêcheurs tra-
vaillant sur la Manche, à un mille et demi des
côtes de l'Angleterre, virent la mer se soulever
et s'agiter d'une étrange manière, sur un seul
point. Quelle ne fut pas leur surprise lorsque,
leurs yeux faits aux mouvements qui s'opé-
raient, nos gens de mer reconnurent deux

énormes baleines, bien éloignées des parages
qu'elles fréquentent d'ordinaire assurément,
qui se livraient un combat singulier.

Les deux léviathans se frappaient de ci de
là, de leurs têtes et de leurs queues. L'eau,
violemment tourmentée, jaillissait de toutes
parts à une grande hauteur. Enfin, après une
lutte acharnée, chacun des deux monstres
battit en retraite à une grande distance. Mais
la lutte n'était pas à son terme. Il s'agissait
seulement pour les deux baleines de reprendre du champ, comme dans les tournois, car,
après avoir respiré largement, toutes deux revinrent en effet l'une sur l'autre, avec une vitesse de locomotion de cinquante à soixante
milles à l'heure.

Le choc fut terrible.

D'abord les deux baleines en parurent étour-
dies et comme réduites à l'immobilité. Mais
elles se remirent de cette première impression,
assez vite encore, et, peu d'instants après, la
bataille recommença, corps à corps.

On les vit se dresser au-dessus des flots,
bondir à des distances de vingt-cinq à trente
pieds, puis se ruer de nouveau l'une contre

l'autre, avec une rage toujours croissante. La mer était rougie de leur sang sur un immense espace.

Ce combat ne dura pas moins de trois heures.

Enfin un des monstres demeura sans mouvement.

L'autre s'éloigna majestueusement, gagnant le large et projetant l'eau par ses évents, comme pour célébrer sa victoire.

Le lendemain, la lame porta sur la côte la baleine vaincue et trépassée. Elle était couverte de blessures et de lésions de toutes sortes.

Ainsi donc les animaux, même les poissons, partagent les folles inimitiés des hommes !...

Des oiseaux, maintenant.

Le docteur Strauss, de Vienne, quoique jeune encore, est aveugle. Néanmoins il parcourt sans cesse les différentes parties du globe pour y observer les mœurs des oiseaux, étude à laquelle il se consacre exclusivement.

Sa sœur, jeune fille, dit-on, l'accompagne partout dans ses voyages, et lui *sert d'yeux,*

pour employer les propres expressions du
docteur, dans un livre d'*Histoire naturelle*
qu'il vient de publier.

Le frère et la sœur ont visité l'Amérique du
Nord, l'Amérique du Sud, et la plupart des
îles de l'Océanie.

Voici l'un des épisodes les plus saisissants
du livre du docteur Strauss.

Il s'agit d'une espèce de perroquet austra-
lien, appelé l'*oiseau à berceau*, bower-bird.

— Les oiseaux à berceau, raconte le docteur, se construisent, non pas des nids, mais
des salons. Ces salons consistent en une sorte
de plate-forme solidement convexe et compo-
sée de branches légèrement entrelacées. Au
centre, s'élève un pavillon fait avec des rameaux légers et très-flexibles, reliés à la base,
disposés en courbes rapprochées et se rejoi-
gnant au sommet, comme un faîtage. Ce pavillon forme une voûte régulière, et les ogives
que produit leur assemblage, à l'extérieur,
figurent de véritables ornements. L'entrée de
cette singulière pièce est tapissée de divers
objets de couleurs brillantes, où domine le
bleu, pour lequel le bower-bird paraît avoir

une vive prédilection. Tantôt ces objets sont
des plumes de perroquet habilement assor-
ties et tressées sur les parois, tantôt de petits
coquillages, ou bien des cailloux ronds et po-
lis, disposés symétriquement. Les bowers-
birds se réunissent dans leur salon et s'y livrent à des jeux très-animés, à des exercices
joyeux et presque à des conversations bruyan-
tes.

Un jour, le hasard nous fit rencontrer, à ma
sœur et à moi, un nid d'oiseau à berceau, à
moitié démoli sans doute par quelque indi-
gène, tenté par un des cailloux brillants in-
crustés dans le toit de ce palais d'été. Nous
nous cachâmes derrière un buisson, et nous ne
tardâmes pas à voir une troupe de jolis perro-
quets accourir du sommet de tous les arbres
de la forêt, où certainement ils s'étaient réfu-
giés pendant qu'on pillait leur maison. Ils se
mirent aussitôt à l'œuvre pour réparer le
dommage. La bande ne se composait que de
femelles, et il fallait les voir au travail, piail-
lant, voletant, cherchant partout des matériaux, se servant de leurs pattes et de leurs
becs avec une adresse qui tenait du prodige.

Ces oiseaux étaient au nombre de trente à quarante, et il leur suffit de deux heures pour rendre à leur berceau sa physionomie primitive.

La besogne une fois terminée, les uns ramassèrent avec leur bec les petits morceaux de pierre et de bois qui jonchaient le sol ; les autres, à l'aide de leurs ailes, balayèrent littéralement le même parquet, après quoi toutes les ouvrières reprirent leur vol et s'éparpillèrent dans le bois, en jetant un cri particulier. Dix minutes ensuite, chacune d'elles revenait accompagnée d'un mâle. Le joli couple portait dans son bec et dans ses pattes des provisions de graines et d'insectes qu'on déposa en commun au milieu du berceau.

Alors commença une sorte de fête que moi, d'après les cris joyeux des oiseaux, et ma sœur Siona, d'après la manière dont ils s'évertuaient à sauter et à trépigner, nous ne pouvions mieux comparer qu'à un bal. Par malheur Siona se pencha pour mieux voir et ne prit point garde à une sentinelle placée sur un figuier géant, au pied duquel s'élevait le berceau. Cette sentinelle donna l'alarme en

3.

jetant un cri aigu. Aussitôt la troupe joyeuse
de s'envoler, de s'éparpiller et de disparaître
dans les profondeurs de la forêt! Nous eûmes
beau attendre jusqu'à la nuit, et même revenir le lendemain, nous ne pûmes désormais
voir les oiseaux à berceau se livrer de nouveau à leurs fêtes!...

N'est-ce pas charmant, cela, lecteur, et n'ai-
je pas raison de conclure souvent, bien souvent, que Dieu a doté les animaux d'une intelligence et d'une sensibilité qui mérite notre attention, notre respect, notre affection, et
tous nos meilleurs égards?...

Et cependant combien de misérables bourreaux se livrent à d'inexprimables tortures
vis-à-vis de ces mêmes animaux!

Combien d'enfants mal élevés, impitoya-
bles, vrais fils de Peaux-Rouges, s'abandon-
nant aux instincts les plus sauvages, arrachent
les petits des oiseaux à leurs nids, aux soins
de leurs pères, de leurs mères, et les font
mourir après leur avoir fait endurer des sup-
plices sans nom?

Ils ignorent, les malheureux, que ces oiseaux sont de la plus grande utilité pour

l'homme, pour le laboureur, pour le jardinier, dont ils préservent les récoltes de la dévastation, en absorbant des milliards d'insectes ravageurs, de vers blancs, de petits rongeurs qui dévorent les graines confiées à la terre!

On a dit, non sans raison :

—L'homme est un singulier soldat! Il passe une partie de sa vie à lutter contre les divers fléaux qui sont ses ennemis naturels, et le reste du temps à tirer sur les alliés que la nature lui donne.

Ce n'est pas méchanceté pure, ce n'est point parti pris de faire le mal; non : *c'est simplement qu'il ne sait pas!*

Nos paysans, qui se croient éclairés, crucifient des chouettes et des chauves-souris sur la porte de leurs granges.

— C'est pour l'exemple !... disent-ils.

En attendant, ces cadavres innocents se putréfient au profit des mouches charbonneuses; les souris mangent le grain de l'ingénieux paysan, et les mouches lui piquent les mains et la figure.

Pauvre bonhomme, tu n'as que ce que tu mérites. En immolant tes alliés, tu te livres

corps et biens à tes ennemis. Si ces chauves-
souris étaient vivantes, elles happeraient les
moucherons qui t'incommodent ; si tu n'avais
pas assassiné cette chouette, elle purgerait
ton grenier des rongeurs qui le pillent...

C'est donc simplement parce qu'il ne sait
pas ! Eh bien ! nous, nous voulons le lui apprendre.

Combien de gens, stupides et farouches, détruisent les hérissons, les taupes, les grenouil-
les, les crapauds, les oiseaux de nuit ! Combien les torturent de la façon la plus sotte,
sans se douter que hérissons, taupes, gre-
nouilles, crapauds, oiseaux de nuit, sont, de
par Dieu, le créateur et la sauvegarde des
mondes, les conservateurs des champs, des
prairies, des jardins !

J'ai vu, un soir, un gandin de la ville, c'é-
tait à Bruxelles, jouant avec un charmant petit écureuil, être mordu par le frêle animal,
qu'il serrait sans le vouloir. La pauvre bête,
ne pouvant ni parler ni se plaindre, accusait
sa douleur en serrant à son tour quelque peu
son maître. Aussitôt celui-ci d'entrer en fureur, de saisir une pincette, d'étreindre par le

milieu du corps le petit écureuil, et de le...
brûler vif... en le maintenant de force dans
la fournaise du foyer d'hiver

— Monstre d'homme!

Ce fut le nom que je donnai au bourreau,
en le quittant, sans même le saluer...

J'ai vu des cannibales, hélas! c'étaient des
Français qui méritaient plutôt le nom de Ca-
raïbes, j'ai vu des Français écorcher vif un
petit agneau, arraché à grand'peine à la ma-
melle de sa mère, et s'amuser beaucoup des
convulsions de la victime privée de sa fourrure et s'agitant dans les angoisses d'une
ineffable agonie.

A ceux-là j'ai craché à la face, en les mau-
dissant et en courant déposer ma plainte entre les mains du commissaire de police le plus
proche...

J'ai vu...

Vous dirai-je encore ce que j'ai vu?...

Non. Votre esprit, votre âme, tout votre
être se soulèverait de dégoût et d'horreur...

C'est alors que je me hâtai de me faire recevoir dans la Société protectrice des animaux... Et, maintenant, c'est au nom de la

loi Grammont que je parle, lorsque je suis témoin de quelque orgie de cruauté, et c'est à
titre de protecteur des animaux que je livre
les coupables à la vindicte de la iustice des
hommes...

VI

Actuellement, lecteur, je vais vous raconter, sur le chien et le cheval, une histoire qui
m'est toute personnelle.

Et d'abord sachez que je suis né dans la
Champagne, au bourg d'Eclaron, sur la lisière
de l'antique forêt du Der, jadis séjour des
druides, au temps des Gaulois.

Cette forêt du Der, immense encore, mais
aux jours des Gaulois bien plus vaste assurément, fut témoin sans doute des terribles
mystères de la religion druidique. Quand on
pénètre dans ses profondeurs et qu'on y rencontre, ici et là, certaines pierres colossales,
couchées les unes, les autres debout, on ne
peut s'empêcher de frémir en songeant que
ces pierres ont été les autels de nombreux sa-

crifices humains. Heureusement Jésus-Christ est venu sur la terre, et l'éclatante lumière de son Evangile a révélé le véritable culte aux hommes jusqu'alors assis dans les ténèbres.

Dès lors le Der, nos prairies, les collines qui leur servent d'encadrement, la contrée entière, sont devenus le séjour du travail, de la paix et du bonheur, selon les conditions de notre exil d'ici-bas.

Pour le voyageur que le hasard amène dans notre région fortunée, c'est une surprise sans égale que de voir les sites heureux de notre vallée de la Blaise, ses prairies à perte de vue, ses clochers, ses usines, et au milieu de tout cela notre Eclaron, en face de la forêt. On voudrait vivre et mourir dans cette oasis, à l'entrée de ces grands bois, parmi cette nature riante, parce que tout y est calme, fraîcheur et poésie. Il semble que l'on doit mieux y aimer les hommes, parce qu'ils sont plus simples; prier avec plus d'âme le Souverain des mondes, parce que son nom est écrit partout; semer sa vie d'un plus grand nombre de bonnes actions, car la vertu y coule comme de source; et enfin marcher à la

mort par une conduite plus pure que partout
ailleurs, car tout y convie.

Mon père avait là son petit domaine rustique. C'était une métairie, entre le bourg et
la forêt, au beau milieu des prairies, dans une
enceinte de frênes, d'aulnes, de coudriers et de
jeunes chênes. Elle lui était bien précieuse,
cette métairie : il lui devait la simplicité de
ses goûts, son constant tête à tête avec les
créatures de Dieu ; et puis, c'était là, sous ce
baldaquin de serge verte, qu'il avait vu ma
pauvre mère lui dire adieu pour... remonter
aux cieux. C'était là, dans la grande salle et
à l'ombre des vergers, qu'il s'était réconforté
le cœur à me regarder faire mes premiers
pas, bégayer mes premières expressions d'affection filiale, et livrer mes jeunes efforts au
service de la culture des champs et du soin
des animaux.

Pour moi, j'aimais notre maison comme
l'oiseau aime son nid. Je l'aimais pour ses
beaux horizons, pour son ciel bleu, ses terres
vertes. Je l'aimais pour ma mère absente, qui
l'avait habitée ; pour mon père présent, qui
l'arrosait de ses sueurs. Je l'aimais aussi pour

nos animaux, dont je visitais chaque jour les
chenils, les étables, les écuries, les volières.
Je veillais à ce qu'ils eussent à temps leur
soupe fumante, leur provende parfumée, leur
grain doré. Je demandais qu'on ne les fati-
guât pas trop à la chasse, à la garde des troupeaux, au labourage, et je faisais grande attention à ce que chiens, chats, bœufs et moutons, vaches laitières et génisses, eussent toujours poils, laine et soie, tout le pelage enfin,
bien propres et bien luisants. La propreté de
la bête, c'est la santé.

Je vous l'ai dit déjà : les animaux sont pour
moi des amis, des êtres doués d'intelligence,
de sensibilité, des créatures susceptibles de
recevoir l'éducation dans une certaine mesure, et nullement de simples machines.

Et cela, je ne l'applique pas seulement aux
animaux domestiques, mais aussi aux terribles animaux des plus sauvages solitudes et
des climats les plus ardents.

Le lion guéri par Androclès, et qui épargne
la vie de son sauveur, au milieu des scènes
sanglantes du Colisée de Rome, alors qu'il
le reconnaît et qu'il lui témoigne sa gratitude

et son amour en se couchant à ses pieds,
pour les lécher, au grand étonnement des san-
guinaires Romains, vous semble-t-il une machine, par hasard?

Le lion échappé de la ménagerie de Flo-
rence, et se précipitant dans les rues de la
ville de manière à frapper de terreur et à faire
fuir tout ce qui se trouve sur son passage, mais
s'arrêtant soudain... ému, saisi d'effroi, lui
aussi, en face de la sainte et majestueuse image d'une mère qui implore du royal animal la
vie de son enfant bien-aimé, vous semble-t-il
une machine?

Ces généreux animaux que subjuguent
ainsi la bonté de l'homme et la douleur de la
femme, sont-ils donc tout entiers matière,
pure matière? Une parcelle de spiritualité ne
s'y adjoint-elle pas? Ne la sent-on pas qui
frissonne sous la chair de quelques-uns?...

Pardon, lecteur; mais, à propos de ces in-
terrogations, me vient une anecdote en souvenir... Je vais vous la conter. Elle répandra
une nuance de gaieté sur le sérieux de ces
pages.

Deux vieux philosophes campagnards, le

dos au feu, le ventre à table, devisaient sur l'esprit et la matière. Le matin, la servante avait tué un lapin pris dans la lapinière du chef du logis, et venait de le servir en gibelotte.

— Non, dit un des philosophes, l'esprit et la matière ne sauraient se confondre...

— Cependant, reprend le second sage, de grandes intelligences ont pensé le contraire...

— C'est une erreur!... Et, tenez, quand je vois les débris de ce lapin, qui, ce matin encore, pensait, s'agitait, obéissait à des sentiments en harmonie avec la nature, je ne puis douter de l'existence de ces deux éléments constitutifs de tout être doué de vie, l'esprit et la matière... Non, mille fois non, ces restes ne sont pas l'animal tout entier, ce n'est pas là... tout le lapin !...

Arrive la cuisinière, qui rougit, se trouble et d'une voix dominée par l'émotion :

— Vous avez raison, Monsieur... Je ne vous l'avais pas dit; mais, puisque vous l'avez deviné, j'en conviens, ce... n'est pas là tout le lapin... Il manque un morceau du râble, que j'ai... donné à mon cousin... du 101° régiment de ligne, arrivé dans le pays depuis hier !...

Maintenant, lecteur bien-aimé, je reprends toute ma gravité, et je dis encore : Une parcelle de spiritualité ne s'adjoint-elle pas à la matière, dans l'animal?

Etudiez un moment la belle Phœbé, la tigresse favorite de l'empereur Néron. Elle sauve la vie à la charmante Acté, qui s'est faite chrétienne et qu'elle reconnaît parmi les martyres livrées aux bêtes fauves du cirque...

Songez à la sagacité de l'éléphant du roi Porus, qui arrache vingt fois son maître à la mort...

Rappelez-vous le fameux Bucéphale d'Alexandre-le-Grand, qui ne permet à nul autre qu'au roi de Macédoine de le monter, et qui, mortellement frappé, se couche doucement sous le prince, de crainte de le blesser, puis expire en le regardant une dernière fois...

Revoyez dans votre souvenir le cheval de l'Ukraine sauvant Mazeppa, attaché à ses flancs, et volant à travers des hordes de loups jusque dans les plaines de la patrie...

Que dirons-nous du chien d'Aubry de Montdidier, ce malheureux chevalier français assassiné par un de ses compagnons d'armes, Richard de Macaire, près de Montargis, en 1371? Le crime est découvert par la poursuite opiniâtre du chien de la victime, qui s'attache sans relâche aux pas du meurtrier. Alors Charles V ordonne un combat singulier, dans l'île Louviers, à Paris, entre Macaire et l'animal. Vous savez que l'assassin succomba.

Vous parlerai-je du chien du Mont-Saint-Bernard, dévoué au salut des infortunés ensevelis dans les neiges, alors que la tourmente gronde et sévit?

De l'admirable Ralph, le limier de lord Byron, et de ses merveilleux exploits?

Des différents animaux qui jouèrent un rôle si généreux pendant la révolution de 1793, alors que certains hommes en remplissaient de si hideux, et notamment du pauvre griffon de l'infortunée reine Marie-Antoinette?

De l'illustre chien dit *chien du Louvre,* que rien ne put éloigner de la tombe de son maître, tué sur les barricades de 1830, enterré avec beaucoup d'autres sous les fenêtres du

palais, en face de Saint-Germain-l'Auxerrois,
et qui voulut y mourir ?

Et de tant d'autres animaux pleins d'affection, de fidélité, d'inaltérable dévouement?

Si j'entamais le récit des prodiges d'adresse,
d'intelligence, de calcul et de raison qu'exé-
cutent les castors dans les lacs et sur les fleu-
ves du Nouveau-Monde;

Si je vous faisais le tableau des étranges
opérations, des passions ardentes, des sentiments inexprimables dont se montrent susceptibles les plus petits et les plus faibles des
animaux, les abeilles et les fourmis;

Que de choses n'aurais-je pas à vous dire?

Donc, je lisais dans les livres que me prê-
tait notre curé tout ce qui avait trait à ces
amis de l'homme, à ces braves compagnons
du laboureur dans ses travaux, qu'ils enri-
chissent en l'aidant. J'étudiais la décroissance
de ces êtres organisés. Je comprenais qu'un
quadrupède, un oiseau, un reptile, un pois-
son, un insecte, se meuvent, sont sensibles,
jouissent d'une sphère d'activité spontanée,
quoique à des degrés différents. Mais je devi-
nais qu'un colimaçon, une huître, un vermis-

seau son, beaucoup moins sensibles, et par conséquent moins animaux. Je rencontrais enfin, dans les eaux, une foule d'êtres ambigus et de formes bizarres, et l'on m'en montrait, tels que l'oursin, l'étoile de mer, les anémones, les orties marines, même de petits animalcules habitant dans les coraux, et d'autres produits microscopiques qui fourmillent dans les infusions aqueuses, qui me semblaient former le dernier échelon des sujets animés.

Il était aussi une chose qui me frappait, et devenait pour moi le point de transition entre les animaux et les végétaux : c'était cette plante sensitive, nommée *mimosa pudica*, qui ferme son feuillage et replie ses rameaux quand on la touche.

Je m'extasiais encore quand on me racontait qu'une Anglaise avait trouvé, près des rives du Gange, dans l'Inde, une espèce de sainfoin dont les petites feuilles s'agitent continuellement d'elles-mêmes, sans qu'il souffle aucune brise, lorsqu'il fait chaud, comme pour s'éventer et se rafraîchir.

Aussi, comme j'admirais Dieu dans ses œu-

vres, et que je le trouvais grand et puissant
dans le ciron comme dans l'éléphant, dans le
plus petit coquillage comme dans la baleine
et le cachalot, dans l'oiseau-mouche comme
dans l'aigle et le condor, dans les mousses et
les lichens comme dans le boabad et l'ali-
conda.

Vous ne devez donc pas être étonné, lecteur,
que j'aie eu pour les chiens et les chevaux
une affection toute particulière.

VII

De tous les animaux, le chien est celui qui
a le plus d'instinct, qui s'attache le plus à
l'homme et qui se prête avec le plus de doci-
lité à tout ce qu'on exige de lui.

On ne peut qu'admirer la fidélité qu'il nous
montre.

Vous connaissez l'histoire du chien de Xan-
tippe, père du fameux Périclès, qui, voyant
son maître s'embarquer sans lui pour Sala-
mine, se jeta à la mer et suivit le navire à la
nage.

Pareille chose m'arriva de la part de mon
Cuddy.

Un jour que, montant en nacelle, à Mor-
sang-sur-Orge, pour me promener sur le lac
de la villa du docteur Chômel, j'avais oublié
sur la rive mon très-fidèle compagnon, quel
ne fut pas mon étonnement de voir ce pauvre
cher animal, qui cependant avait horreur de
l'eau, me suivre en nageant, et me regardant
d'un œil désolé. Je le tirai bien vite de l'eau,
et que de tendres caresses, alors !

Dans mon enfance, je n'eus pas de meilleur
ami que ce brave Cuddy, que mon père m'a-
vait donné pour m'aider à garder, dans une
saulaie voisine, un petit troupeau de brebis
choisies, et dont les agneaux faisaient mes délices. Ses oreilles étaient droites et pointues,
sa tête longue, son museau effilé. Il avait la
queue non pas en trompette, comme dans l'o-
péra-comique du docteur Mirobolan, mais en
véritable panache blanc. Son poil était ras sur
la tête, les pattes et les oreilles, long et
soyeux sur tout le reste du corps. Son pelage
avait du blanc et du noir, avec quelques ta-
ches fauves.

4

Qu'il était bon, fidèle, dévoué, et avec quel
feu son regard demeurait fixé sur le mien !
Etais-je absent de la maison, tant qu'il me
sentait m'éloigner il était sombre, rêveur et
maussade. Me rapprochais-je de notre demeure, il le devinait, se mettait aux écoutes,
aspirait l'air, redevenait gai, et plus j'ap-
prochais, plus à l'avance il frétillait de la
queue.

Un jour que j'étais allé à Saint-Dizier, chez
une parente, après y avoir passé quelques
jours, à mon retour je fus tout surpris de ne
pas voir mon Cuddy venir à ma rencontre.
En effet, je ne le trouvai plus à la maison.

Voici ce qui était arrivé :

Le soir même de mon départ, s'était présenté
à notre métairie un étranger vêtu à la façon
des Polonais, qui demanda à entretenir mon
père. Cet homme lui apprît qu'il était envoyé
de Russie par le chef des bergeries impériales
de l'empereur Nicolas, pour étudier en France
les races ovines, et en ramener un troupeau
de choix. Depuis une semaine cet étranger
avait observé dans les prairies d'Eclaron les
nombreux moutons de nos étables, et il avait

été surpris de leur beauté. Trouvant qu'ils
réunissaient les conditions exigées par celui
qui l'envoyait en mission, il offrit un prix
très-élevé du choix de deux cents têtes de
brebis qu'il ferait dans toutes nos bergeries.
L'affaire était tellement avantageuse, que mon
père consentit et livra le troupeau. Celui-ci,
dès le lendemain, devait se mettre en route,
à petites journées, car les chemins de fer
n'existaient pas encore, et gagner ainsi les
fermes du palais d'été de Sa Majesté l'auto-
crate de toutes les Russies.

Mais voilà que, à l'heure du départ, le berger russe se trouve sans chien pour conduire
ses moutons. Il se plaint alors de son embarras, fait appel à la générosité de mon père, et
obtient de lui qu'on lui donnera... mon pauvre Cuddy par-dessus le marché, moyennant
promesse solennelle de traiter l'animal avec
la plus grande douceur.

— Au fait! j'aurai facilement un autre chien
pour mon enfant!... dit-il.

Néanmoins il eut le cœur bien gros, paraît-
il, quand il livra Cuddy. Celui-ci prit une atti-
tude des plus tristes quand il comprit le sort

qui lui était réservé. Il se fit tirer l'oreille, chercha bien à s'échapper, refusa net son service; mais enfin, ayant vu de la colère dans les yeux de son maître, il finit par se soumettre. Il partit, hélas! mais non sans tourner souvent la tête, les yeux pleins de larmes, et enfin disparut bientôt avec le berger et le troupeau, dans la poussière blanche de la route

Je ne vous dirai pas ma profonde douleur en apprenant cette nouvelle; je ne vous raconterai pas ma peine amère, mes fureurs terribles, et presque mon désespoir. Toutefois il fallut bien me résigner; je ne pouvais courir après mon chien. Mais alors je devins sombre et mélancolique, moi aussi, au point de maigrir, de perdre mes belles couleurs, et d'inquiéter tous ceux qui m'entouraient de leur affection.

Bientôt, ainsi qu'il arrive, hélas! même pour ceux qui vivent avec nous, le pauvre Cuddy fut oublié de tous.

Veuillez bien m'excepter de ce nombre, je vous prie. Car chaque jour je faisais une pro menade solitaire sur le chemin que mon fidèle ami avait dû suivre en pleurant, le premier jour, et j'accompagnais en esprit mon brave chien arpentant les plaines de la France, puis celles de l'Allemagne, de la Pologne et de la Russie, et cela pour le service de l'empereur Nicolas, que j'envoyais en Sibérie!

Il y avait huit mois que ce petit drame intime avait eu lieu, lorsque, un matin, de ma chambrette sise au-dessus de la porte principale de la métairie, j'entends la voix de mon père qui crie à un valet d'écurie :

— Germain, chassez donc ce vilain chien galeux qui s'obstine à rester là, couché à la porte... Il a l'air de mourir de faim; il est presque sans poils, ses pattes sont enflées, c'est peut-être un animal dangereux, que l'on éloigne de partout. Voilà dix fois qu'il veut me caresser, mais je le repousse à coups de pied, car il me fait peur. Jetez-lui un morceau de pain, puis prenez un fouet et hâtez-vous de le faire sauver au plus loin...

Je m'élance à la fenêtre. Je vois un pauvre animal tout pelé, maigre, maigre à laisser compter tous ses os, écorché en mille endroits, les pattes tuméfiées, au vif ici et là, sangui-

nolentes partout. Du reste, l'œil de la bête est
bon, doux, tendre même, mais triste et affligé... Il regarde douloureusement mon père,
dont il semble comprendre les ordres, et paraît vouloir s'attacher au sol et se laisser
tuer... plutôt que de s'éloigner...

Je descends pour le prendre sous ma protection. Aussitôt que le bon animal m'aperçoit, il s'élance vers moi comme poussé par
un ressort violent, il se roule à mes pieds les
quatre pattes en l'air, il pousse des cris plaintifs, mais dans lesquels domine l'expression
de la joie et du bonheur...

— Cuddy!... mais c'est Cuddy!... m'é-
crié-je.

— Cuddy?... fait mon père, étonné, regardant mieux le chien et demeurant convaincu
que je me trompe... Ton Cuddy est bien loin,
malheureusement... ajoute-t-il.

C'était Cuddy, cependant, ami lecteur !

Aussitôt qu'il se voit reconnu, caressé, fêté,
choyé par moi, puis par mon père, puis par
les domestiques, le brave chien, heureux d'ê-
tre enfin reconnu, saute de joie, aboie de plaisir, pousse mille cris d'allégresse...

Pauvre bête, avait-elle besoin d'être soignée !

Je lui fais préparer un bain, je lui coupe les poils trop rares qui lui restent, mais qui sont tellement emmêlés qu'on ne peut les conserver, je lui enlève son collier...

O surprise! sous le collier je trouve un papier fortement attaché avec une ficelle :

« Votre chien est un animal admirable ! Il a rempli son devoir avec zèle et conscience. Cuddy a amené ici le troupeau que je vous ai acheté. Mais à présent il tourne toujours les yeux vers la route qui conduit en France. On devine que toute sa pensée est là. J'imagine qu'il veut s'enfuir et retourner près de vous. Je le regrette, mais je le comprends et je l'excuse. Qu'il parte donc quand il lui plaira. Je l'abandonne à son dévouement pour vous. Merci de me l'avoir prêté. Puisse-t-il vous rejoindre heureusement ! A la grâce de Dieu ! »

Voilà ce que renfermait ce papier, signé du berger russe.

VIII

Ainsi, pour revenir près des maîtres qu'il aimait, pour revoir son foyer, sa patrie, ce généreux animal venait de faire douze cents lieues peut-être, seul, mangeant ce qu'il trouvait, souvent ne mangeant pas du tout, repoussé par tous, traqué sans doute comme un animal malfaisant, usant ses pattes sur les routes, courant jour et nuit, et enfin ne s'arrêtant qu'à la porte de la métairie d'où il était parti si fort à contre-cœur!...

Quelle boussole lui avait ainsi indiqué le chemin qu'il devait suivre, sinon son intelligence?...

Cher noble animal, je ne l'aurais pas aimé!

Jugez comme mon père est ému, jugez comme je pleure moi-même, mais de tendresse, mais de joie.

Aussitôt Cuddy est rendu à la famille. On lui accorde toutes les faveurs possibles.

Dès lors il redevient le chien de prédilection, puis le beau Cuddy d'autrefois. Jamais plus il ne me quitta.

Je ne prétends pas dire que les animaux ont une âme douée de facultés, comme celle de l'homme; non assurément. J'appellerai même cette âme *instinct*, si l'on veut. Seulement je dis que la bête porte en elle une parcelle de lumière qui l'éclaire sur les actes de son existence, lui fait discerner à sa façon le bien du mal, la soumission de la désobéissance, la douceur de la colère, les bons traitements des mauvais, et le pardon de la vengeance.

Aussi, combien sont coupables ces êtres farouches, le cornac impitoyable, le charretier brutal, le cocher colère, l'enfant butor, qui maltraitent l'animal confié à leurs soins, cet infatigable compagnon de leurs travaux, cet ami dévoué, ce trésor de la vie!...

Laissez-moi vous raconter certains faits qui parlent éloquemment et qui, je l'espère, amélioreront par la réflexion certains caractères mauvais et certains penchants naturels vicieux.

Qui d'entre nous n'est en admiration devant ces héroïques missionnaires de la foi catholique qui, renonçant à toutes les joies de la

4.

famille et de la patrie, vont, au péril de leur
vie, sur les plages les plus lointaines et les
plus inhospitalières, planter la croix rédemp-
trice et civilisatrice du monde? Inaccessibles
à la peur, maintes fois, pour sauver les âmes,
ils affrontent la flèche du féroce Iroquois, le
casse-tête des anthropophages de l'Océanie et
le rotin de l'astucieux Chinois. Beaucoup suc-
combent; mais d'autres, plus nombreux encore, continuent la grande œuvre, et jamais
la persécution trempant l'Eglise dans le sang
de ses enfants, n'a pu tarir cette inépuisable
fécondité de dévouement qu'elle porte en ses
flancs maternels.

Eh bien! en 1858, un de ces illustres missionnaires, monseigneur Melchior, évêque es-
pagnol, arrosait, lui aussi, de son sang généreux la terre de Tong-King, depuis si longtemps rebelle à tous les efforts de l'apostolat.
Affreux en ses détails, le supplice venait de
se terminer par la mort du glorieux patient.
Après qu'on eut enfoui son corps dans un trou
creusé à l'avance, le mandarin qui avait pré-
sidé à l'exécution donna l'ordre de faire passer sur la fosse, en signe de mépris, les cinq

éléphants présents à cette horrible scène.
Mais les animaux se refusèrent obstinément
à accomplir cette profanation. Rien ne put les
y contraindre, et deux d'entre eux ayant été
maltraités par leurs gardiens, entrèrent dans
une fureur tellement redoutable, que le mandarin renonça à faire exécuter l'ordre qu'il
avait donné. Un rapport fut adressé au souverain sur ce qui s'était passé, et d'après cela
les cinq éléphants furent condamnés à mort.
On décida même que l'exécution aurait lieu
en-dehors des portes de la ville et en présence du peuple assemblé. Cette sentence fut
exécutée au milieu d'un déploiement de forces
énormes, mais les éléphants se défendirent
avec une telle vigueur, qu'on dut avoir recours
à l'artillerie pour les abattre.

Un autre fait des plus attendrissants: Je venais de tuer une hirondelle de mer, raconte
un chasseur, et comme je me disposais à la
ramasser, je vis se détacher d'elle une autre
hirondelle qui, sans s'inquiéter de ma présence, voltigeait au-dessus du corps inanimé de
sa compagne, cherchant par ses cris et le
frétillement de ses ailes à l'encourager à re-

prendre son essor. La persistance de cette ai-
mante petite créature à braver le danger, auquel toute la bande des autres hirondelles s'é-
tait soustraite, avait enchaîné mon bras.
Mieux encore, à cette révélation d'une affection, d'une tendresse, d'une union brisée peut-
être, je me trouvai assailli par mes remords,
et j'implorai le pardon de Dieu, notre créateur commun, en prenant l'engagement so-
lennel de ne plus jamais commettre de meur-
tres inutiles.

Voilà comment une hirondelle de mer, blanche colombe, a fait pénétrer la charité dans
un cœur léger, étourdi, mais non cruel.

Voulez-vous juger l'appréciation d'un service rendu, chez les animaux? Ecoutez et profitez : Le docteur Pibrac, célèbre chirurgien,
trouve, un soir, près de sa porte, un chien
qui a la patte cassée. Il le recueille, lui remet
la patte, le soigne et le guérit. Dès que le
chien put courir, il quitta la maison du médecin, qui ne manqua pas d'accuser le malade
d'ingratitude. Mais, six mois après, le chien
reparaît dans la maison et fait les plus vives
caresses au docteur Pibrac. Puis il le tire par

son habit, à plusieurs reprises, comme pour le conduire dehors. Pibrac le suit. Il aperçoit alors une chienne qui avait aussi la patte cassée, et que son client lui amenait, pour obtenir de lui la guérison qu'il en avait reçue...

Ce fait n'est pas difficile à commenter. Il prouve qu'il y a chez l'animal le souvenir du passé, la reconnaissance, l'appréciation exacte du service rendu et du danger couru.

Une autre preuve du pouvoir de l'appréciation, chez la brute :

Un soir, M. M*** revenait de Fauville, à cheval, suivi de son chien; il était près d'arriver à Yvetot, lorsqu'un écart subit et violent le jette au milieu de la route. C'était pendant l'hiver. Le cheval, débarrassé de son cavalier, se dirige vers son écurie, mais le chien demeure fidèlement près de son maître. Tout-à-coup un cabriolet arrive, et, en raison de l'obscurité, va passer sur le corps de M. M***, lorsque son chien, s'élançant à la tête du cheval avec des aboiements terribles et une ardeur inouïe, le force de suspendre sa marche...

Il y a quelque temps, un bateau de pêche était en perdition en-dehors d'une ligne de

brisants qui s'étend devant la passe du petit
port de Harristown, sur la côte de New-Hamp-
sire. L'embarcation ne pouvait parvenir à
franchir la barre. Les spectateurs étaient dans
la plus vive anxiété ; personne n'espérait arriver à porter un secours utile, et le danger aug-
mentait de minute en minute.

Or, un chien de Terre-Neuve, qui se trouvait sur la plage et manifestait par une agitation mêlée de jappements plaintifs l'intérêt
qu'il prenait à la scène, se jeta à l'eau tout-à-
coup et piqua droit sur la barque. Il parvint à
la joindre après des efforts inouïs. L'équipage,
supposant que l'animal voulait monter à bord,
essaya de l'y faire monter, mais inutilement.
Alors le chien continua de nager tout alen-
tour. Enfin, à force de chercher le sens de
cette manœuvre, un des matelots poussa un
cri de joie ; il avait compris... Il saisit une
corde et en jeta l'extrémité à la mer. C'était
là ce que demandait le brave Terre-Neuve.
Celui-ci s'empare de la corde, tourne bride et
s'élance triomphalement vers le rivage, où il
est accueilli avec une admiration qu'il a bien
méritée. Aussitôt on hâle l'amarre à force de

bras, et l'embarcation est amenée à terre, saine et sauve, au milieu des hourras de la foule et des bénédictions des pauvres marins si miraculeusement arrachés à un fatal tré- pas...

Oui, sans contredit, le chien, de tous les animaux, est non-seulement le plus fidèle, mais encore le plus intelligent.

Bob, tel est le nom que les pompiers de Lon- dres donnaient naguère à un chien que leur compagnie avait élevé, et qui l'accompagnait partout et toujours. Lorsque le tocsin se fai- sait entendre, Bob avait l'habitude de courir en avant des pompes comme pour éclairer la route. Au feu, il grimpait aux échelles et pé- nétrait par les fenêtres dans les appartements envahis par l'incendie, et cela plus vite que les pompiers eux-mêmes.

Tout récemment, lors de l'explosion de Westminster-Road, Bob se précipita dans un bâtiment incendié, et, faisant taire d'ancien- nes inimitiés de race, on le vit, trait géné- reux et touchant! on le vit tenant dans sa gueule un chat qu'il arrachait au péril. Une autre fois, à Lambeth, on avait dit aux pom-

piers que tous les locataires d'une maison en
flammes étaient sauvés. Le chien cependant
ne voulut pas s'éloigner de certaine porte
close. Il se mit à aboyer bruyamment, donnant ainsi un signal d'alarme. Sa persistance
attira l'attention des pompiers. Ils revinrent
à l'assaut, et lorsqu'ils eurent ouvert la chambre fermée, ils y trouvèrent un enfant à demi
asphyxié...

L'année dernière, Bob fut présenté à la Société royale protectrice des animaux, pour y
faire montre de ses qualités extraordinaires.
Il savait faire jouer une pompe !

Bob portait toujours un collier de cuivre,
sur lequel étaient gravés ces mots : Ne m'ar-
rêtez pas et laissez-moi courir ! Je suis Bob,
le chien des pompiers de Londres...

Eh bien ! Bob est mort au champ d'honneur;
il a été tout récemment enseveli dans son
triomphe, au milieu des flammes d'un incendie !

Les affections sincères ont quelque chose
de si touchant, même chez les animaux,
qu'elles éveillent les sympathies des gens les
moins sensibles.

Un équarrisseur de la banlieue de Paris se
trouvant en tournée d'achat, s'aperçut, un matin, en cheminant avec sa bande de vieux chevaux, qu'un superbe Terre-Neuve marchait à
côté d'une de ces pauvres bêtes. D'abord ceci
ne l'étonna guère, attendu qu'il n'est pas rare
qu'un chien, s'étant attaché au cheval de la
maison, le suive en pareil cas pendant quelques lieues, puis finisse par retourner au logis.
Mais ni le temps, ni la distance, ni les privations ne purent déterminer le Terre-Neuve à
délaisser son vieil ami, car l'équarrisseur,
ayant enfin essayé de le chasser à coups de
fouet, le chien continua à marcher derrière la
colonne écloppée, et, le lendemain, quand le
marchand de chevaux voulut se remettre en
route, il trouva, dans la cour de l'auberge où
il avait passé la nuit, le fidèle animal couché
près de la porte de l'écurie. Où avait-il mangé?
Nulle part, sans doute. Néanmoins, dès qu'il
vit les pauvres invalides sortir de leur gîte, il
se mit à bondir et à sauter au nez de son
vieux camarade, qui, lui aussi, répondit par un
hennissement. Quoiqu'on ne puisse pas l'accuser de sensiblerie, l'équarrisseur fut touché

de cette tendresse des deux animaux, à tel
point qu'il n'eut pas le courage de les sépa-
rer. Toutefois l'esprit du métier reprenant
bientôt le dessus, il chassa de nouveau le
Terre-Neuve, qui se mit à suivre tristement la
colonne à distance.

Le soir du troisième jour, eut lieu l'arrivée
au gîte, où l'on devait abattre, pendant la
nuit même, les misérables bêtes. Tout-à-coup
l'équarrisseur entend la voix grave et plain-
tive du chien qui pleurait à la porte.

— Ah ! l'on se moquera de moi si l'on veut,
s'écrie notre homme, tout ému, mais je ne
puis résister plus longtemps à la prière de ce
pauvre animal.

Et il alla lui ouvrir.

— Antoine, dit l'équarrisseur a son domesti-
que, conduis ce brave chien à l'écurie, et tu
mettras de côté le cheval qu'il t'indiquera...

— Qu'allez-vous donc en faire ?... demanda
le garçon.

— Je le nourrirai... à rien faire, s'il le faut,
ça ne me ruinera pas... répond le maître.

Mais le brave homme ne tarda pas à être
exonéré de la charge qu'il s'était si bénévole-

ment imposée, car le propriétaire des deux
animaux ayant été informé de ce qui s'était
passé, ne voulut pas être en reste de sensibilité. Un de ses valets fut chargé d'aller traiter
du rachat du vieux cheval, et dès le lendemain l'invalide rentrait à son ancienne demeure, en compagnie du Pylade qui avait si
singulièrement sauvé la vie à son Oreste.

Je passe à l'histoire du chien d'un garde-
champêtre.

François Prévot, garde-champêtre de Saint-
Bris, et qui vient de mourir, possédait un
chien de la plus infime espèce. Durant la ma-
ladie de son maître, le petit animal glapissait,
matin et soir, autour du lit, comme pour con-
vier le malade à faire avec lui sa promenade
habituelle. Mais comme celui-ci ne pouvait
répondre à ses désirs, le chien se mettait en
campagne et entreprenait tout seul la promenade de surveillance que faisait son maître
chaque jour.

Hélas! Prévot mourut, et son corps fut placé
dans le cercueil. Alors le petit animal, s'épui-
sant en vains efforts pour arracher son maître
de sa lugubre demeure, mordait à belles dents

les planches du cercueil et faisait entendre
des cris de détresse qui ajoutaient encore aux
larmes et à l'affliction de la famille du défunt.
Au moment des obsèques, il fallut le renfermer
dans l'écurie, d'où ses hurlements plaintifs
émouvaient tous ceux qui étaient venus rendre les derniers devoirs à l'infortuné garde-
champêtre. Après la cérémonie funèbre, la li-
berté fut rendue à cet intéressant animal. Il
en profita incontinent pour se diriger tout
d'une traite vers le cimetière. On ignora d'a-
bord ce qu'il était devenu : mais le troisième
jour après l'enterrement, plusieurs personnes
l'aperçurent couché sur la fosse de son maître.
On lui offrit des aliments, qu'il refusa, puis on
le vit se mettre en route et faire la tournée
habituelle de Prévot... Le nouvel employé à
la surveillance des champs, frappé de cette
étrange fidélité, conçut le projet de s'attacher
cet ami dévoué. Durant plusieurs jours il parcourut avec lui la région, s'étudia à le flat-
ter, à l'appeler, à se l'adjoindre. Vains efforts!
le digne animal ne songeait qu'à son maître,
qu'il appelait sans cesse et qu'il cherchait
partout. Depuis nombre de mois, tous les

jours il continue la même manœuvre, et ni
soins ni friandises ne peuvent le distraire de
sa douleur...

Du chien, si nous descendons aux oiseaux,
nous trouverons de même de mystérieuses
aptitudes qui méritent notre observation.

M. de Fuardant raconte ainsi une aventure
arrivée à la veuve du philosophe Helvétius.

« Bonne et bienfaisante, madame Helvétius
avait le privilége de rendre heureux tout ce
qui l'entourait, même les petits oiseaux de son
jardin, qui la payaient de tant d'affection par
leur gazouillement et leur familiarité, au
point de se percher sur ses épaules pour lui
becqueter les lèvres.

» Pendant l'affreux hiver de 1789, elle s'oc-
cupait à secourir les indigents du quartier
qu'elle habitait à Paris. Une de ses distrac-
tions favorites était de nourrir les oiseaux du
voisinage. Malgré le froid, elle enlevait la
neige de son balcon et s'empressait, chaque
matin, de jeter des graines dont les oiseaux
venaient se nourrir. Un jour, l'un d'eux vint
se placer sur sa tête et battre des ailes. Madame Helvétius lui rend tous les soins qu'ins-

pirent sa gentillesse et sa familiarité, et donne un baiser à l'oiseau qui s'envole. Mais le lendemain le même transfuge revient et semble exprimer tout le plaisir qu'il éprouve à revoir sa bienfaitrice. Celle-ci le caresse, et... s'aperçoit qu'il porte à son cou le bout d'un doigt de gant dans lequel elle croit sentir quelque chose. Elle l'ouvre, et en effet elle trouve une feuille de papier très-mince qui contient ces mots :

« Aux petits des oiseaux tu donnes la pâture,
Et ta bonté s'étend sur toute la nature. »

« D'honnêtes gens de votre voisinage languissent dans le besoin ; ferez-vous moins pour eux que pour la nombreuse famille qu'on vous voit secourir?... »

» — Non, sans doute! s'écrie madame Helvétius avec émotion : le moyen de résister à une demande aussi touchante, de refuser à un si charmant messager? Aussitôt elle s'élance à son secrétaire, y prend un billet de six cents francs, le met dans le petit sac, donne à l'oiseau plusieurs baisers et lui fait prendre la volée.

» Quelques jours se passent. Madame Helvétius songeait toujours à cette singulière

aventure, mais se donnait bien garde d'en
parler : c'eût été révéler une œuvre méritoire,
et elle savait que le mystère double le prix du
bienfait. Un matin qu'elle se livrait à sa chère
occupation, le fidèle émissaire revint : il portait à son cou le même petit sac, et quelle fut
la surprise de la veuve d'y trouver ce second
billet :

« Vous avez sauvé un artiste et sa nombreuse famille;
les six cents francs vous seront remis au retour du printemps, car le travail de nos mains nous permettra de
nous acquitter... »

» Madame Helvétius ne put retenir ses larmes et s'applaudit d'avoir cédé au premier
élan de son cœur.

» L'oiseau, depuis ce temps, ne reparut
plus.

» Enfin les frimas cessèrent : madame Helvétius n'atthra plus qu'une faible partie de ses
hôtes chéris.

» Vers le milieu de l'été, comme elle respi-
rait l'air du matin, elle aperçut le fidèle vola-
tile qui arrivait à tire-d'ailes, sans paraître la
reconnaître. Elle devine que le changement
de costume cause cette méprise, et se revêtant

d'une pelisse de satin bleu fourrée d'hermine,
elle reparaît sur la terrasse. A l'instant l'oiseau
vient à elle : elle se hâte d'ouvrir le petit sac
et y trouve un billet de six cents francs, avec
cet écrit :

« Nous nous empressons de nous acquitter de la
somme que vous avez daigné nous prêter, mais non de
la reconnaissance qui reste à jamais gravée dans nos
cœurs... »

» Madame Helvétius fut d'abord tentée de
renvoyer les six cents francs; mais elle réflé-
chit que c'eût été priver ces estimables in-
connus de la plus douce jouissance qu'ils
pussent avoir, celle d'acquitter une dette sa-
crée. Elle habitua donc l'oiseau à son nouveau costume, avant de le congédier, afin qu'il
pût revenir et la reconnaître.

» Quelques jours après, la veuve du philosophe se reposait au Jardin des Plantes, lorsque
tout-à-coup un oiseau vint se poser sur elle.

» — Mais c'est mon joli messager! s'écria-
t-elle en le couvrant de baisers; comment
donc se trouve-t-il ici?

» — Excusez, Madame; lui dit un enfant,
c'est l'oiseau de ma sœur...

» — Et quelle est votre sœur, mon ami?

» — Cette jeune fille que vous voyez là-bas en blanc, et qui est près de mon père et de ma mère : cet oiseau lui appartient, je vous l'assure ! Elle ne le donnerait pas pour tout l'or du monde.

» En disant ces mots, l'enfant désignait du doigt une jeune personne de quinze à dix-sept ans, d'une figure intéressante, et qui, rouge de joie et d'étonnement, murmurait :

» — Oui, c'est elle, c'est bien elle !

» Aussitôt madame Helvétius se trouve environnée du père, de la mère et de ses enfants qui, tour à tour emportés par la reconnaissance, lui adressent mille actions de grâces et se confondent en excuses. La fille aînée surtout était dans une telle ivresse, qu'elle ne pouvait proférer une parole ; elle pressait sur son cœur les mains de la vénérable veuve, les couvrait des plus douces larmes, et l'oiseau, pendant ce temps, ne cessait de voltiger de l'une à l'autre, en complétant ce délicieux tableau. »

Il est bien certain que l'humanité envers les

5

animaux conduit à la générosité envers les humains...

« A la fin de l'hiver dernier, dit M. S***, chef de bureau au ministère de l'instruction publique, j'avais remarqué dans une grande propriété de Montmorency, Seine-et-Oise, deux pics, — *picus viridis*, — qui avaient commencé à creuser leur nid dans un orme, à environ quatre mètres du sol. Vers le milieu de mai, pensant à juste raison qu'ils devaient avoir des œufs, j'appliquai une échelle et montai le long de l'arbre. Mais impossible d'introduire mon bras dans l'ouverture : l'arbre était trop épais, et le trou profond de cinquante centimètres environ. J'essayai, mais en vain, et pendant plus d'une demi-heure, d'arriver aux œufs, soit à l'aide d'une branche enduite de glu, soit avec une cuiller en étain recourbée. Enfin, lassé de mes tentatives infructueuses, je me décidai à boucher l'entrée du nid, avec cette espérance que, peut-être, pressée de pondre, la femelle déposerait ses œufs dans un trou d'arbre des environs.

» Je ne m'occupais plus des pics et je ne pensais plus à eux, lorsque le soir, vers qua-

tre heures, passant dans cette même allée,
j'entendis frapper à coups redoublés sur l'orme
que j'avais quitté le matin... Je m'avançai
avec précaution et j'aperçus, cramponné à
l'arbre et frappant sans interruption, juste à
la hauteur du fond du nid, un pic qui, tout
préoccupé de son opération, ne me vit pas et
me laissa approcher jusqu'au pied de l'arbre.
Il s'envola alors, et grand fut mon étonnement lorsque j'entendis continuer, mais inté-
rieurement, dans l'arbre, le même bruit que
j'avais entendu au-dehors... Evidemment j'a-
vais enfermé la femelle dans le nid, sans m'en
douter ; et la pauvre bête, couchée sur sa couvée, n'avait pas donné signe de vie le matin,
lors de mes tentatives pour lui enlever ses
œufs.

» J'appliquai de nouveau l'échelle contre
l'arbre, et je collai mon oreille à l'endroit où
les coups de bec arrivaient sans arrêt et avec
une précipitation qui indiquait le désir de li-
berté que devait éprouver la prisonnière. Je
fis du bruit; elle s'arrêta, mais un instant
après elle recommença de plus belle. De son
côté, le mâle n'était pas resté inactif, je vous

assure, car l'écorce de l'arbre était fortement
entamée sur une largeur de cinq à six centimètres, et sur une profondeur de plus de
deux. Inutile d'ajouter que ce commencement
de trou correspondait juste à celui que la femelle opérait à l'intérieur.

» La captivité forcée que j'avais imposée
bien involontairement à la pauvre femelle
avait duré assez longtemps, et après m'ê tre
bien assuré du fait que je viens de raconter,
je retirai la pierre que j'avais mise le matin
pour boucher l'entrée du nid. La femelle s'é-
lança immédiatement : mais je la saisis au
passage pour l'examiner avec attention. Elle
était, comme vous le pensez, extrêmement
farouche, très-agitée, les plumes hérissées, le
bec tout couvert de sciure de bois, et lorsque
je la lâchai, elle poussa deux ou trois cris en
s'envolant. Etait-ce la peur que je venais encore de lui faire, ou plutôt la joie de la li-
berté?...

» Je fis part au jardinier de ce qui venait de
m'arriver. Il me plaisanta beaucoup, me disant que c'était impossible, attendu que, dans
la journée, à plusieurs reprises, il avait vu

les deux pics qui frappaient l'orme à l'extérieur, et qui étaient tellement occupés à leur
travail qu'ils le continuaient malgré sa présence, ne s'envolant qu'au moment où il
allait les toucher...

» Je m'expliquai alors l'énorme trou fait en
si peu de temps, et qui, très-probablement,
n'aurait pas tardé à offrir une sortie à la prisonnière. Ainsi, pour rendre la liberté à sa femelle, le pic mâle avait eu recours à l'obli-
geance d'un camarade, de son frère peut-
être. »

La preuve qu'un bienfait n'est jamais perdu, écoutez-la.

En 1850, un cheval breton, appelé Lapin,
appartenant à M. Lavaur, entrepreneur des
travaux de la ligne ferrée de Lyon, sur la sec-
tion de Lanthenay, près de Dijon, était employé comme lanceur sur un chantier aux
wagons. Ce travail, aussi dangereux pour le
cheval que pour le conducteur, exige des
deux parts autant d'énergie que d'intelligence. Joseph, charretier-lanceur par profession,
mais ivrogne par habitude, ayant un jour
trop copieusement fêté la purée septembrale,

comme dit Rabelais, avait laissé sa raison au
fond d'un verre et perdu l'usage de ses jambes. Avec cette obstination qui n'appartient
qu'à l'ivrogne, voulant néanmoins continuer
son service, Joseph avait déjà lancé quelques
wagons, s'accrochant pour ainsi dire à son
cheval, lorsqu'il trébuche contre une des tra-
verses soutenant le rail, et tombe dans la
voie, décrochant heureusement dans sa chute
la chaîne qui rend le cheval solidaire du wa-
gon. Prompt comme l'éclair, l'animal saisit
son conducteur sur les reins, par la blouse,
et, sautant hors de la voie, arrache ainsi ce
malheureux à une mort certaine.

Ce fait, presque incroyable, s'est passé en
présence de plus de trois cents individus, ouvriers, manœuvres et employés. Aussi a-t-on
célébré sur toute la ligne le haut-fait de
Lapin... Le propriétaire, M. Lavaur, voulant
épargner à ce généreux animal une mort honteuse de la main de l'équarrisseur, l'a placé
dans sa ferme de Montigny-sur-Loing, près
de Nemours, où il jouit en paix d'une retraite
honorablement acquise.

Tant il est vrai qu'un bienfait n'est jamais
perdu!

Qu'il s'agisse de quadrupèdes ou de volatiles, peu importe, n'est-il pas acquis maintenant que nous devons protection et bonté aux animaux que Dieu nous a donnés? Voyez ce que nous dit à ce sujet un poète de cœur, M. de Litteau :

Du nid charmant
Caché sous la feuillée,
Cruels petits lutins à la mine éveillée,
Du nid charmant
Caché sous la feuillée,
Hélas ! pourquoi faire ainsi le tourment ?

Ce nid, ce doux mystère
Que vous guettez d'en-bas,
C'est l'espoir du printemps, c'est l'amour d'une mère:
Enfants, n'y touchez pas,
Enfants, n'y touchez pas!

Qui chantera
Dieu, la brise et les roses,
Méchants, si vous tuez ces jeunes voix écloses ?
Qui chantera
Dieu, la brise et les roses ?
Autour de vous tout s'en attristera!

Dieu seul a droit
Sur tout ce qui respire ;
Ne pouvant rien créér, il ne faut rien détruire ;
Dieu seul a droit
Sur tout ce qui respire;
Beaux maraudeurs, prenez garde, il vous voit !

Laissons, laissons
Les bouquets à leur tige,
A l'air qu'il réjouit l'insecte qui voltige ;
Laissons, laissons
Les bouquets à leur tige,
Aux bois leur ombre, et les nids aux buissons.

Ce nid, ce doux mystère
Que vous guettez d'en-bas,
C'est l'espoir du printemps, c'est l'amour d'une mère:
Enfants, n'y touchez pas,
Enfants, n'y touchez pas !

IX

Voyons de près ce qui se passe dans la nature, non plus seulement de la part des lions, des éléphants, des baleines, mais de la part des infiniment petits, des insectes, par exemple des fourmis.

Et même dans les plantes, quels étranges phénomènes !

Quand on y songe, on s'écrie de grand cœur, comme Virgile, le poète de l'antiquité :

Ingentes animas angusto in pectore versant !

Voici quelques exemples, fort curieux, re-
cueillis à l'endroit de l'étrange phénomène de
l'âme des plantes et de l'âme des bêtes...

Ici, je procède par des faits.

Murray rapporte qu'un fort beau groseillier
de son jardin devint tout-à-coup languissant.
Un mur abattu, en le privant d'abri, et certaines infiltrations d'eau minérale survenues
par accident avaient modifié la nature du sol
et détruit les conditions dans lesquelles l'arbuste s'était trouvé jusque-là. Le groseillier,
dont les feuilles jaunissantes prenaient un
aspect caractéristiquement maladif, dirigea
une de ses branches vers une partie du sol
qu'abritait un gros arbre et où l'eau minérale
n'arrivait pas. Pour cela, il fallait passer au-
dessus d'un petit contrefort en briques et atteindre à une distance de près d'un mètre.
La branche y parvint en croissant avec une
vigueur fiévreuse et en s'allongeant de près
de quatre centimètres par jour. Le contrefort
franchi, elle s'abaissa sur le sol, contre la sur-
face duquel elle appuya avec force son extrémité, et y pénétra lentement, mais profondément. Deux jours après, des racines se déve-

5.

loppèrent en cette extrémité enfouie de la branche. Enfin, à quinze jours de là, un véritable arbuste, un groseillier complet s'élevait autour de cette branche, tandis que la tige primitive, celle qui était dans le terrain malsain de l'autre côté du contrefort, se desséchait et finissait par disparaître complètement.

Dites-moi si le raisonnement, l'instinct, l'âme en un mot, ne se trouve pas dans ce prudent et sage groseillier?

Lord Kainer me racontait, un jour, qu'au milieu des ruines de New-Abbey, dans le comté de Galloway, un érable poussait sur un mur resté debout. A un moment donné, l'arbre se dégoûta de cette demeure où pourtant il était né, où il avait vécu quarante ans au moins, et, afin de changer de domicile, il commença par faire descendre le long de la muraille maternelle une racine forte et charnue, un véritable câble, et la fixa fortement dans la terre. Une fois cette racine solidement établie, il détacha peu à peu les autres, et procéda, pour celles-ci, comme il avait procédé pour la première. Quand alors son

voyage de transplantation se trouva terminé,
après cinq ou six mois de travail l'érable
avait descendu un mur de plus de huit pieds
anglais, et était installé à cinq ou six pas de
ce mur.

On trouve dans les bois de Boulogne et de Vin-
cennes une jolie petite plante baptisée, à cause de l'odeur qu'elle exhale quand on la broie,
du nom plus énergique que poétique d'*ortie
puante*. C'est la *stachide des bois* ou *épi fleuri*,
ou encore *panacée du labour*. Vous la reconnaîtrez à des fleurs purpurines, réunies six par
six autour de la partie supérieure d'une tige
carrée et haute de quinze à vingt centimètres,
à des feuilles opposées et à l'élégance de son
port. Elle donne au teinturier une belle couleur jaune, et ses fibres corticales fournissent
d'excellents cordages; enfin les fermiers ai-
ment à la mélanger avec la litière de leurs bestiaux, qu'elle assainit, disent-ils. Or, Glocker,
en herborisant, remarque, un jour, une pauvre petite stachide, née près de la lisière
d'une forêt, au milieu d'une haie fort épaisse.
A peine sortie de terre et parvenue à quelques
centimètres de hauteur, elle souffrait évidem-

ment du manque d'air et de lumière. A huit jours de là, il repassa près du buisson et se rappela la stachide. Elle s'était arrêtée dans son accroissement vertical, pour incliner sa tige et la faire avancer dans une direction horizontale, vers une petite ouverture qui laissait pénétrer la lumière dans la haie. Après quinze autres jours, elle avait relevé sa tige et repris sa direction normale, en croissant verticalement.

Voilà pour les plantes.

Parmi les insectes je choisis la *fourmi*, celui de tous les êtres créés qui se rapproche le plus de l'homme, par son intelligence.

Les *fourmis des gazons* sont hautes de deux millimètres à peine, et cependant, aux mois de mai et de juin, elles élèvent en quelques semaines une agglomération de cellules et de galeries superposées présentant jusqu'à quinze étages, et dont la hauteur, dépassant fréquemment trente centimètres, est cent fois plus grande que l'insecte lui-même. Elles construisent ces cellules après la pluie, avec de la terre humide. Elles entassent d'abord les morceaux de terre de manière à former de petits murs parallèles ou opposés, et lorsque ceux-ci sont arrivés à la hauteur d'un centimètre environ, elles s'occupent de les recouvrir. Dans ce but, elles placent contre l'arête intérieure de chacun des murs, et dans un sens presque horizontal, les morceaux de terre mouillée, jusqu'à ce que chaque rebord qui résulte de ce travail rejoigne celui du côté opposé. La formation de la voûte, qui est produite par cette réunion, est facile, quand les murs ne sont éloignés, pour les galeries et les cellules, que de trois à quatre millimètres; mais combien la tâche n'est-elle pas plus compliquée dès qu'il s'agit de salles plus grandes, de chambres larges de deux à trois centimètres?

Quelques espèces, lorsqu'elles ont à construire des pièces aussi vastes, choisissent d'avance un emplacement où deux brins d'herbes se croisant peuvent servir de point d'appui ou d'arc-boutant. Quelques autres soutiennent les voûtes au moyen de piliers de terre, dont elles détruisent ensuite une partie.

Une fourmi, de la tribu des *fourmis noires cendrées*, employa un jour, sous mes yeux,

un procédé qui accuse les calculs les plus ingénieux.

Lors d'une promenade à travers champs,
au mois de juin, j'aperçus sur le sommet d'une
fourmilière toute une ébauche d'un nouvel
étage en construction. C'étaient des séries de
galeries formées par deux murs opposés et à
demi-couverts, interrompus par de nombreuses cellules inachevées. Les extrémités supé-
rieures des parois de plusieurs de ces salles
faisaient en-dedans une saillie de trois millimètres, et cependant elles laissaient entre
elles un espace découvert large de deux centimètres.

Les fourmis noires cendrées ne transportent
jamais ni brin de bois ni brins d'herbe, et ne
se servent jamais de piliers en terre. Comment
ne pas être en admiration devant ces petits
êtres ?

Par quel moyen les ouvrières de cette
habitation s'y prendront-elles pour achever de
couvrir les cellules commencées, avant que
les matériaux formant le pourtour de la voûte
inachevée ne tombent sous leur propre poids ?

Tel fut le problème qui excita ma curiosité.

L'après-dîner ayant été pluvieuse, je m'ar-
mai d'un parapluie et de patience, et j'allai
m'asseoir près de la fourmilière. Le sol était
mouillé et les travaux en pleine activité. C'é-
tait un va-et-vient continuel de fourmis sor-
tant de leur demeure souterraine et apportant
des morceaux de terre qu'elles adaptaient
aux constructions anciennes. Ne voulant pas
disséminer mon attention, je la fixai vers la
salle la plus vaste.

Une seule fourmi y travaillait. L'ouvrage
était avancé, et cependant, malgré une saillie
prononcée, en-dedans de la partie supérieure
des murs, un espace de quinze à douze millimètres restait à couvrir. C'était le cas d'avoir
recours aux piliers. Notre ouvrière, parais-
sant quitter un moment son ouvrage, se dirigea vers une plante de graminée, peu distante,
dont elle parcourut successivement plusieurs
feuilles, longues et étroites. Choisissant la
plus proche, elle alla chercher de la terre
mouillée qu'elle fixa à son extrémité supérieure. Elle recommença cette opération jus-

qu'à ce que, cédant sous le poids, la feuille
s'inclinât légèrement du côté de la salle à
couvrir. Cette inclinaison avait lieu malheureusement plutôt vers l'extrémité de la feuille,
extrémité qui menaçait de se rompre. La fourmi, parant à ce grave inconvénient, la rongea
à sa base extrême, de sorte qu'elle s'abaissa
dans toute sa longueur au-dessus de la salle.
Ce n'était point assez : l'apposition n'était
point parfaite. L'habile ouvrière la compléta,
en déposant de la terre entre la base de la
plante et celle de la feuille, jusqu'à ce que le
rapprochement désiré fût produit. Ce résultat
obtenu, elle se servit de la feuille de graminée, en guise d'arc-boutant, pour soutenir
les matériaux destinés à former une voûte.

D'autres fourmis, de l'espèce des *fourmis
maçonnes*, lorsqu'elles veulent ajouter un
étage à la fourmilière, y déposent une couche
de terre épaisse de deux à trois centimètres,
et lorsqu'elle a été tassée par la pluie, elles y
creusent leurs galeries et leurs cellules. Les
fourmis noires n'usent de ce procédé qu'après
un accident ayant occasionné dans leur demeure une brèche qu'il convient de fermer
sans retard.

L'habitation des fourmis communique ordinairement avec le dehors par plusieurs larges ouvertures. Chez quelques espèces, il existe à l'intérieur de l'entrée un vestibule où veille une garde plus ou moins nombreuse. Attaque-t-on une fourmilière facile à détruire, une de celles qui se présentent sous la forme d'un monceau de terre ou de brins de chaume, la garde sort aussitôt et ne tarde pas à être suivie d'une multitude d'autres fourmis. S'agit-il au contraire d'une fourmilière difficile à bouleverser, telle que celles placées dans les troncs d'arbres, les fourmis, qui errent aux alentours, ou qui sont de garde, rentrent et se cachent à la moindre attaque.

Lorsqu'on observe attentivement, sur un tronc d'arbre, les ouvertures principales d'un nid de *fourmis-hercules*, on aperçoit, dans un petit enfoncement, une tête de fourmi, immobile et aux aguets. L'approche de quelque animal étranger l'inquiète-t-elle, elle disparaît, et, quelques secondes s'étant écoulées, une autre fourmi s'avance au-dehors, examine l'entrée tout à l'entour, parcourt à pas précipités un espace d'une trentaine de centimè-

tres, puis rentre après avoir opéré cette espèce
de ronde. Si les craintes de la sentinelle paraissent peu fondées, celle-ci reparaît, et les
ouvrières, qui pendant ce temps étaient res-
tées closes, sortent de nouveau pour aller bu-
tiner. Le résultat de la première ronde n'a-
t-il pas été entièrement satisfaisant, au contraire, une deuxième reconnaissance, faite à
pas lents, lui succède.

A quelque distance des entrées largement
ouvertes, certaines fourmilières ont parfois
des ouvertures très petites, espèces de poter-
nes cachées sous une pierre, une racine d'arbre, ou au milieu de gazons. Elles ne servent
point à la circulation. Une fourmi y est de
garde pour empêcher les insectes d'y pénétrer. On y voit entrer, mais seulement de loin
en loin, à des heures d'intervalle, quelque in-
dividu isolé, lequel a soin, auparavant, d'opé-
rer de nombreuses circonvolutions, comme s'il
voulait dissimuler sa trace. Ces orifices com-
muniquent avec les cellules inférieures. Peut-
être servent-ils au renouvellement de l'air,
mais certainement ils ont été aussi pratiqués
en prévision de l'occlusion de l'entrée princi-

pale par un accident ou par l'invasion de fourmis ennemies.

Lors de l'invasion d'une fourmilière de fourmis noires cendrées par une bande de *fourmis-amazones*, j'aperçus, une fois, un très-grand nombre des premières, les unes adultes et chargées de cocons, les autres faciles à reconnaître à la couleur blanche de leur peau pour des fourmis toutes jeunes, s'échappant par une ouverture jusque-là inaperçue, inusitée, et située à quarante centimètres de l'entrée principale, au milieu d'une touffe d'herbes.

Un jour, des *fourmis grosse-tête*, dont la peau brille d'un reflet luisant, avaient, depuis deux ou trois jours, débouché l'ouverture de leur demeure, au milieu de l'allée d'un jardin attenant à une maison que j'habitais, à Hyères, à mon retour d'un voyage d'exploration au Pôle Nord. Le soleil était très-chaud : c'était vers deux heures. Toute la peuplade s'était dirigée vers un même point, au pied d'un énorme platane, dont elle recueillait les graines tombées et disséminées par le vent. Que mon oisiveté, effet de ma fatigue extrême, me

serve d'excuse! mai je m'amusai, pour mettre
à l'épreuve l'intelligence de ces pauvres fourmis, à leur jouer un tour dont je reconnais la
méchanceté.

J'allai chercher cent ou deux cents *fourmis-
mineuses,* appartenant à une espèce qui creuse
sa demeure au pied des oliviers, et je les dé-
posai, avec une certaine quantité de larves,
auprès de la fourmilière momentanément
abandonnée. Elles furent heureuses de trouver
ainsi un refuge, y transportèrent leurs cocons
et s'y installèrent sans façon. Sur ces entrefai-
tes, les fourmis grosse-tête revinrent au logis
chargées de butin. Grande fut leur déconve-
nue! Deux d'entre elles s'approchèrent en ve-
dettes. Houspillées d'importance, renversées
par les envahisseuses, elles s'empressèrent de
rebrousser chemin, mais toutefois sans quitter leur fardeau. Elles ne s'arrêtèrent dans
leur fuite qu'après s'être éloignées d'un demi-
mètre environ.

Là, elles retinrent celles de leurs compagnes
qui suivaient la même route, et il ne tarda
pas à se former en ce lieu un nombreux rassemblement. Une extrême agitation se mani-

festait parmi tout ce petit monde, mais on
piétinait sur place sans prendre de détermi-
nation. Surviennent deux fourmis beaucoup
plus grosses. On s'empresse autour d'elles : on
leur rend compte sans doute de l'état des choses, puis la scène change.

Les fourmis se massent, les deux plus grosses au centre, et toute la bande, précédée,
— je n'invente pas, — précédée de deux éclaireurs, par deux fourmis marchant de front à
quatre ou cinq centimètres en avant, s'ébranle
et s'avance en bon ordre vers la fourmilière.
Les deux éclaireurs, formant l'avant-garde,
touchent déjà à l'entrée de leur demeure :
elles n'y pénètrent pas pourtant, du moins
cette fois. Averties de leur approche, les fourmis envahisseuses sortent et s'élancent au-
devant d'elles. Leur marche rapide, leurs
têtes élevées, leurs mandibules entr'ouvertes
leur donnent l'air de ces lices en fureur qui,
ayant des petits à garder, se précipitent sur
les passants, le poil hérissé et en montrant
les dents. Les deux éclaireurs n'attendent
pas un contact immédiat; elles tournent bride
et rejoignent précipitamment le gros de la

troupe, qui, prenant peur, fuit également en
toute hâte jusqu'au lieu de la première sta-
tion.

Au printemps, les nuits sont froides : ces
pauvres fourmis vont-elles donc être forcées
de passer la nuit en plein air? Que l'on se ras-
sure. Une fourmi très-volumineuse, plus vo-
lumineuse que les deux gros généraux dont
j'ai parlé et qui se sont mis au beau milieu de
l'armée, une fourmi vrai tambour-major va
les tirer d'embarras. Elle circule de groupe en
groupe, échangeant çà et là des attouche-
ments d'antennes; puis, s'étant entourée
d'une douzaine de fourmis déchargées de leur
fardeau, elle quitte la foule.

Je la vois se diriger du coté de la fourmilière : mais elle la contourne prudemment à
distance, passe à droite, puis en arrière, s'arrêtant à une vingtaine de centimètres sur la
gauche. Là, elle creuse la terre avec ses mandibules : une ouverture paraît presque aussitôt, elle y pénètre tranquillement, et je ne la
revois plus. Quant à ses compagnes, les unes
agrandissent l'ouverture, les autres vont chercher le reste de la bande, qui s'ébranle tout

entière, arrive en ligne droite sur la nouvelle
entrée et... gagne les cellules souterraines.

Le lendemain, à onze heures, quand je re-
vins, l'entrée improvisée la veille n'existait
plus, et l'ouverture ancienne était vide des
fourmis-mineuses qui l'avaient envahie. Des
fourmis grosse-tête en sortaient et y ren-
traient. Enfin, quelques-uns de ces insectes
restaient immobiles à l'intérieur, préposés
sans doute à la garde de la porte. L'utilité de
cette précaution, négligée jusque-là, leur
avait été enseignée par l'envahissement du
jour précédent.

Si vous voulez consacrer parfois quelque
temps à l'examen d'une fourmilière appartenant à l'espèce des hercules, vous en verrez
quelquefois sortir une fourmi plus volumi-
neuse que les autres, marchant du pas lent de
la vieillesse ou bien avec la démarche grave
d'un chef. Elle ne s'avance pas très-loin, ne
travaille pas et semble venue seulement pour
respirer l'air du dehors. Prenez-la entre les
doigts : vous reconnaîtrez que son corps est
couvert de poils nombreux, longs et de couleur fauve, et lorsque vous la remettrez près

de sa demeure, les autres fourmis s'approche-
ront d'elle, la caresseront avec leurs antennes
et avec leurs pattes de devant, et enfin lui
lècheront tout le corps pendant plusieurs minutes.

Une fois, ayant enlevé une centaine de
fourmis-hercules, avec une certaine quantité
de cocons, j'allai les placer dans un lieu découvert. L'une d'elles resta près des cocons,
se promenant paisiblement et sans s'éloigner.
C'était la plus grosse. Les autres allèrent à la
découverte et prolongèrent plus ou moins leur
excursion. De temps en temps, elles reve-
vaient au point central, et chacune s'appro-
chant de la grosse fourmi, conversait longue-
ment avec elle, en échangeant des attouche-
ments d'antennes. Elles lui parlaient sans
doute du résultat de leurs recherches et prenaient ses ordres. Elles abordaient rarement,
au contraire, leurs autres compagnes, ou bien
elles les quittaient presque aussitôt.

Qu'est donc cette grosse fourmi, sinon un
chef, un doyen d'âge?

L'obéissance des fourmis à des chefs ne sau-
rait paraître invraisemblable, alors qu'il est

incontestable que certaines fourmis, je citerai les noires-cendrées, obéissent parfois à des maîtres d'une autre espèce, aux fourmis-amazones, par exemple, et leur servent d'esclaves.

Combien nous devons être en adoration devant l'auteur de la nature, qui a mis tant d'harmonie dans le monde des infiniment petits, comme dans l'admirable organisation des grands corps célestes. Dans ces infiniment petits, que de curieux spectacles nous sont sans doute encore cachés ! Celui qui nous les révèlera quelque jour sera béni des hommes, comme de Dieu...

X

Le Dieu du Sinaï, dont la présence effrayait les tribus d'Israël, et dont le peuple disait à Moïse, son guide dans le désert :

— Parle-nous, toi, Moïse, nous t'écouterons; mais que le Seigneur ne nous adresse pas la parole, de peur que nous mourions !

Ce Dieu, que les Israélites croyaient si re-

6

doutable, s'apitoie devant un nid d'oiseaux et veut y protéger la mère qui y repose.

— *Si, marchant dans le chemin, nous dit-il, vous trouvez sur un arbre, ou à terre, un nid d'oiseaux, et la mère y couvant des œufs, ou y reposant sur ses petits, ne vous emparez ni d'elle ni de sa nichée, mais laissez-les en li-berté; il ne vous arrivera point de malheurs, et vous vivrez longtemps.* DEUT., c. XXII, v. 6 et 7.

La loi divine recommande donc les oiseaux et leur couvée. Mais la loi humaine, celle du 4 mai 1844, punit, comme le braconnage, ceux qui détruisent les nids d'oiseaux, si utiles à l'agriculture.

En effet, la buse mange, par année, plus de quatre mille rats, souris, etc.

Le hibou et la chouette détruisent par mil-lions les insectes nocturnes.

La caille, le râle et la perdrix se nourris-sent de vers de terre.

Le coucou dévore les larves d'insectes, sau-terelles, chenilles, etc.

Le chardonneret prévient la dispersion de la graine du chardon.

L'étourneau, le merle et la grive absorbent d'énormes quantités d'insectes nuisibles, aussi bien que l'hirondelle.

La fauvette fait la guerre aux mouches, pucerons et scarabées.

L'alouette s'attaque aux vers, grillons et sauterelles.

Le martinet consomme huit cents insectes, rien qu'à un seul repas.

C'est par centaines qu'il faut compter les chenilles que la mésange apporte chaque jour à sa petite famille.

Le moineau, ce soi-disant pillard, ce vaurien qui pourtant vaut bien mieux que sa réputation, puisque, après l'avoir expulsé de certaines contrées de l'Europe comme bête malfaisante, on s'est vu forcé de l'y réintégrer pour détruire les insectes dévorants que son absence y faisait pulluler outre mesure, le moineau détruit des masses de vers blancs et de hannetons.

Le rouge-gorge est un grand destructeur de larves, ainsi que le rossignol. Ils détruisent plus de six cents mouches en une heure.

Vingt bergeronnettes purgent de charançons un grenier à blé.

De même, la chouette débarrasse les granges des plus redoutables rongeurs.

En outre, n'est-ce pas un bonheur de protéger des oiseaux qui, par leurs chants harmonieux, répandent la gaîté, le mouvement et la vie dans nos bocages, nos jardins et nos champs?

Je vous signale ainsi les animaux utiles, amis de l'homme, ses alliés naturels.

Mais peut-on dire qu'il en est qui soient ses ennemis? Non certes! Aucun être n'est absolument inutile ou nuisible dans l'économie naturelle. Ceux qui nous paraissent tels ne le sont que parce que nous n'avons pas encore découvert l'adaptation de leur utilité.

Bien plus : au point de vue de l'agriculteur, de l'horticulteur, un grand nombre d'animaux sont à la fois des amis et des ennemis : *amis*, parce qu'ils feront du bien dans un moment où les cultivateurs et les jardiniers auront besoin d'eux; *ennemis*, parce qu'ils contrarieront plus tard leurs espérances, alors qui l'homme de la culture n'attendra plus rien de leur présence.

Vous le voyez, la Providence a établi la plupart des animaux comme les défenseurs de l'homme contre les ennemis les plus nombreux, les plus nuisibles, les plus acharnés, les plus invisibles, les moins accessibles à ses coups.

Aux oiseaux elle a donné une vue perçante qui leur permet de découvrir, même à une grande distance, les insectes les plus petits; des ailes rapides pour les chercher au loin ; et un bec vigoureux pour briser leur cuirasse ou l'abri qui les cache.

Donc, pour tous les animaux sans exception, douceur, justice et compassion!

Plus de brutalité, pas de mauvais traitements!

La loi Grammont, du 2 juillet 1850, punit très-sévèrement, par amende et prison, ceux qui oublient ces premiers principes, les vrais principes humanitaires.

Mais Dieu surtout maudit ceux qui ne craignent pas de faire le malheur des créatures qu'il s'est plu à mettre au monde et dont il a décoré notre univers, pour sa gloire et le bien de l'homme!

LE CHAMEAU [1]

—⋘—

Le chameau paraît originaire du pays de Shamo, sur les frontières de la Chine; du moins aujourd'hui on ne le trouve plus que là à l'état sauvage. Il se distingue par l'absence de cornes et la présence de dents incisives et canines à la mâchoire supérieure. Ce genre renferme deux espèces qui présentent les plus grands rapports au point de vue des mœurs et de la forme extérieure, le *chameau* proprement dit, et le *dromadaire*, qui ne diffèrent guère entre eux que par le nombre des excroissances ou bosses qu'ils portent sur le dos. Le chameau en a deux et le dromadaire une seule, mais généralement plus élevée. Cette apparente difformité, l'épaisseur du corps, la longueur du cou, qui supporte une

(1) Extrait de la *Mosaïque littéraire.*

tête petite et étroite, la configuration disgra-
cieuse des membres, donnent à ces animaux
un aspect peu agréable. Mais les services im-
menses qu'eux seuls peuvent rendre font oublier à leurs maîtres ces légers désavan-
tages.

Les Arabes regardent le chameau comme
un présent du ciel, un animal sacré, sans le
secours duquel ils ne pourraient ni subsister,
ni commercer, ni voyager. Ils l'appellent le
vaisseau du désert, et c'est avec raison, car
sans lui il serait impossible de traverser les
vastes solitudes de l'Asie.

« Qu'on se figure, dit à ce sujet notre grand
peintre de la nature, un pays sans verdure et
sans eau, un soleil brûlant, un ciel toujours
sec, des plaines sablonneuses, des montagnes
encore plus arides sur lesquelles l'œil s'étend
et le regard se perd sans pouvoir s'arrêter sur
aucun objet vivant, une terre morte et pour
ainsi dire écorchée par les vents, laquelle ne
présente que des ossements, des cailloux jon-
chés, des rochers debout ou renversés, un désert entièrement découvert, où le voyageur
n'a jamais reposé sous l'ombrage, où rien ne

l'accompagne, rien ne lui rappelle la nature
vivante : solitude absolue, mille fois plus affreuse que celle des forêts. Plus isolé, plus
dénué, plus perdu dans ces lieux vides et
sans bornes, il voit partout l'espace comme
son tombeau : la lumière du jour, plus triste
que l'ombre de la nuit, ne renaît que pour
éclairer sa nudité, son impuissance, et pour
lui présenter l'horreur de sa situation, en
étendant autour de lui l'abîme de l'immensité
qui le sépare de la terre habitée : immensité
qu'il tenterait en vain de parcourir; car la
faim, la soif et la chaleur brûlante pressent
tous les instants qui lui restent entre le désespoir et la mort. Cependant l'Arabe, à l'aide
du chameau, a su franchir et même s'appro-
prier ces lacunes de la nature; elles lui servent d'asile, elles assurent son repos et le
maintiennent dans son indépendance. »

Pour dresser les jeunes chameaux qui viennent de naître, on couche, au rapport du voyageur Chardin, l'animal sur le ventre, les quatre pieds pliés par-dessous. On les maintient
dans cette position les quinze ou vingt premiers jours, afin de les habituer à s'y tenir.

Ils ne se couchent jamais autrement. On ne leur donne aussi que fort peu de lait, afin de leur apprendre à vivre de peu de chose. C'est à quoi on les dresse si bien, qu'ils passent huit jours sans boire et sans manger. Dans le cours de leur éducation, les chameaux semblent exclus de ce système de bienveillance générale pratiqué par les musulmans à l'égard des animaux. C'est à force de coups qu'on dresse les jeunes chameaux. La méthode est de frapper le pauvre animal jusqu'à ce qu'il pleure, car il a le don des larmes ; dès lors il est soumis. Il accepte le bât et la charge, et prend place parmi ses pareils, dont je n'ai jamais pu voir sans pitié passer les longues files.

Les chameaux sont aussi légers que robustes ; les Arabes disent qu'ils peuvent faire autant de chemin dans un jour qu'un de leurs meilleurs chevaux en huit ou dix.

« Comme nous allions au Sinaï, raconte l'Anglais Shaw, notre guide, qui était monté sur un dromadaire, prenait souvent plaisir à nous divertir par la grande rapidité de sa monture ; il quittait notre caravane pour en recon-

6.

naître une autre que nous pouvions à peine
apercevoir, tant elle était éloignée, et revenait à nous en moins d'un quart d'heure. Le
chameau va si vite au grand trot, qu'un cheval ne peut le suivre qu'au galop. Cet animal, continue le même voyageur, n'a besoin
pour sa nourriture que d'une petite portion de
fèves et d'orge ou bien de quelques morceaux
de pâte faite de fleur de farine. Rien n'est plus
merveilleux que la patience avec laquelle le
chameau souffre la soif; et la dernière fois
que je passai le désert, d'où la caravane ne
peut sortir en moins de soixante-cinq jours,
nos chameaux furent une fois neuf jours sans
boire et sans manger, parce que nous n'avions
trouvé d'eau dans aucun lieu. Nous arrivâ-
mes à un pays de collines, au pied desquelles
se trouvent de grandes mares; nos chameaux
sentirent l'eau d'une demi-lieue de distance;
ils se mirent au grand trot, et entrant en foule
dans les mares, ils commencèrent par troubler
l'eau et la rendre bourbeuse avant de se dés-
altérer. »

Remarquons ici que le chameau a dans l'estomac une sorte de poche dans laqu elle il n'a

masse pas une provision d'eau en buvant,
comme on l'avait dit, mais dont l'objet est de
recueillir celle qui se forme continuellement
dans son corps et suinte des parois de cette
poche. En contractant ce singulier organe, il
force l'eau à s'échapper, à se mêler à ses aliments ou à refluer jusque dans sa bouche.

Les chameaux peuvent porter des poids
énormes; leur charge est ordinairement de
six à sept cents kilogrammes. Quand on veut
les charger, dit le père Philippe, ils fléchis-
sent les genoux au cri de leur conducteur.
S'ils tardent à le faire, on les frappe avec un
bâton ou on leur abaisse le cou; alors, comme
contraints et gémissant à leur manière, ils
ploient les genoux et mettent le ventre contre
terre. Ils demeurent dans cette posture jusqu'à ce qu'ayant été chargés, ils reçoivent
l'ordre de se relever; c'est pour cela qu'ils ont
au ventre, aux jambes et aux genoux, de larges callosités. S'ils se sentent trop pesamment
chargés, ils donnent des coups de tête à ceux
qui les accablent ainsi et jettent des cris lamentables. Jamais, selon moi, la stupide rési-
gnation de l'esclave n'a été mieux symbolisée

que par ces grandes bêtes difformes qui semblent porter les stigmates de toutes les misè-
res comme de toutes les scrvitudes. Mais la
vie de fatigues et de privations à laquelle ils
ils sont condamnés pèse au moins autant sur
leur conducteur que sur eux, et il ne faut pas
oublier l'homme pour la bête.

Le chameau est très-sensible au son harmonieux de la voix ou de quelque instrument
de musique. Aussi, quand on veut obliger cet
animal à faire une plus longue course qu'à
l'ordinaire, on chante dès qu'on voit qu'il ra-
lentit sa marche et qu'il ne veut pas passer
outre. Les coups de fouet ne le font pas avancer. Pour lui redonner du courage, le chame-
lier conduit alors la troupe en chantant et en
donnant de temps à autre un coup de sifflet;
plus il chante et siffle fort, plus les chameaux
se diligentent; ils s'arrêtent si l'on reste muet.
Lorsque la caravane arrive au lieu où elle doit
camper, tous les chameaux qui appartiennent
à un même maître viennent se ranger d'eux-
mêmes en cercle et se coucher sur les quatre
pieds, de sorte qu'en dénouant une courroie
qui retient les ballots, ceux-ci roulent et tom-

bent doucement à terre de chaque côté de l'animal. Quand il faut recharger, le chameau vient se recoucher contre la cargaison, et se relève doucement avec son fardeau.

Bien qu'aucun animal ne paraisse moins belliqueux que le chameau, il est cependant hors de doute qu'on l'a vu souvent figurer sur les champs de bataille. On comptait, s'il faut en croire Ctésias, dans l'armée que Sémiramis avait rassemblée pour son expédition dans l'Inde, cent mille chameaux montés par des guerriers armés d'épées de quatre coudées de longueur. Cyrus en avait aussi à la bataille de Thymbrée, où chacun de ces animaux était monté par deux Arabes placés dos à dos; ils lui furent utiles pour effrayer la cavalerie de Crésus. Xerxès avait, lors de son expédition contre la Grèce, un grand nombre de chameaux montés par des lanciers. Les Romains en rencontrèrent dans les armées d'Antiochus, de Mithridate, et dans celle des Parthes, et leur opposèrent avec succès les chausse-trapes; aussi, à la fin du combat, vit-on le terrain jonché de chameaux estropiés. Les Persans emploient aujourd'hui les chameaux pour porter de petites pièces d'artillerie, qu'ils appellent des *samhouraks*. On en a vu beaucoup dans leurs dernières guerres contre les Russes.

Les Français ont employé aussi avec succès les dromadaires dans l'expédition d'Égypte. Les Arabes bédouins inquiétaient leurs derrières, venaient jusque dans les faubourgs du Caire commettre des vols et des assassinats, et parvenaient presque toujours, grâce à la vitesse supérieure de leurs chevaux, à échapper aux poursuites de la cavalerie française. Le général Bonaparte, voulant mettre un terme à ces incursions, ordonna, par un arrêté du 9 janvier 1799, la formation d'un *régiment de dromadaires*. Chaque chameau portait des vivres et de l'eau pour cinq ou six jours; il était monté par deux hommes placés dos à dos, armés d'un fusil de dragon avec baïonnette et d'un sabre de hussard. Les officiers avaient des pistolets, et ils étaient munis de boussoles pour se diriger dans le désert. L'uniforme, dessiné par Kléber dans le goût oriental, était très-brillant.

Lorsque, dans les engagements qui avaient

lieu autour du Caire, une tribu arabe était parvenue à échapper à la cavalerie européenne,
on mettait à sa poursuite un détachement du
corps des dromadaires, et il était rare qu'il ne
réussît pas à l'atteindre. Les chameaux flé-
chissaient alors le genou, les cavaliers descen-
daient avec leurs armes, entravaient leurs
montures, les pelotonnaient toutes ensemble,
en laissant au milieu un espace vide pour y
placer quelques hommes chargés de les défendre; puis le reste, manœuvrant en-dehors
de ce groupe, attaquait les Arabes déjà décou-
ragés par cette arrivée inattendue, et ne tar-
dait pas à en triompher. Tandis qu'une partie
de ce régiment de nouvelle espèce forçait
ainsi les bédouins à renoncer à leurs incursions aux environs du Caire, d'autres détache-
ments du même corps, croisant dans le désert, assuraient les communications de la vallée du Nil avec la Syrie et les côtes de la
mer Rouge.

LE CHIEN SHANDY [1]

Shandy naquit en 1849, d'un chien écossais et d'une mère qui appartenait à la race des boule-dogues. Son maître, George Lamprière, lieutenant du génie dans l'armée anglaise, l'emmena, jeune encore, à Gibraltar, puis à Malte. Quand la France et l'Angleterre entrèrent en lutte avec la Russie, Shandy fut appelé à faire partie de l'expédition. On le vit à Gallipoli, à Constantinople, défendre vaillamment la tente de son maître contre les maraudeurs.

Shandy partit pour l'Asie-Mineure ; on le retrouve à Sinope, à Trébizonde, à Redout-Kalé, Tschuruts-Su. Dans toutes ces villes maritimes et pendant les traversées, il eut occasion d'utiliser ses rares talents pour la na-

(1) Extrait de la *Mosaïque littéraire*.

tation. Il sauva plusieurs matelots qui étaient tombés à la mer, et un Turc qui s'était aventuré trop loin en se baignant. On sait qu'à Constantinople des bandes nombreuses de ces animaux errent librement dans les rues, respectés de la population, qui les nourrit et les héberge. Le réformateur Mahmoud II avait entrepris d'en débarrasser la ville. Lui qui avait ordonné, sans sourciller, le massacre des janissaires, il n'osa attenter à la vie des chiens nomades ; mais il les fit conduire dans une île où on les abandonna, après qu'un iman leur eut adressé une harangue pour leur démontrer la nécessité de leur condamnation.

Le lendemain on entendait au loin les hurlements plaintifs des proscrits, et des rassemblements se formaient à la Corne d'Or. Tout le monde blâmait la mesure prise ; tous les Turcs regrettaient leurs chers quadrupèdes, et l'émotion fut si vive, que le sultan se vit forcé de révoquer sa sentence.

Mais revenons à Shandy. Au mois de septembre 1854 il suivit en Crimée les sapeurs du génie et campa avec eux devant la Karabelnaïa.

Le dimanche 5 novembre 1854, à la faveur d'un épais brouillard, quarante mille Russes surprennent l'armée anglaise, campée sur le plateau d'Inkermann. La deuxième division, commandée par le brigadier général Penne-faltins, soutint d'abord presque seule le choc; et tandis qu'elle combat au milieu des ténè-bres, sur un sol détrempé de pluie, à travers les taillis et les broussailles, les obus et les boulets lacèrent les tentes, dont le vent em-porte les lambeaux, déciment les hommes qui se sont attardés sous leurs abris, et tuent les chevaux attachés à des piquets dans les li-gnes. George Lamprière, réveillé en sursaut, sort de sa tente et se trouve face à face avec un soldat russe du régiment de Selinginski. Il voit briller la pointe d'une baïonnette ; mais le fidèle Shandy s'élance et reçoit le coup, ce qui permet à son maître d'armer un revolver et d'abattre son ennemi.

Shandy faillit être victime de son dévoue-ment : il marcha longtemps sur trois pattes et ne guérit qu'en 1856. Il boîte encore légère-ment et éprouve quelque gêne dans ses mou-vements, même lorsqu'il est sur son séant.

Shandy courut encore un autre danger. L'hiver de 1856 fut rude sur le plateau de la Chersonèse : la neige couvrait la terre, les tempêtes rendaient la navigation difficile, et les subsistances étaient rares, surtout dans l'armée anglaise, dont l'intendance laisse à désirer. Par une froide matinée de février, quelques sapeurs affamés jetèrent sur Shandy de sinistres regards (*torva tuentes*). Une proposition barbare fut faite à voix basse, puis hautement avouée, et le lieutenant, comprenant les souffrances qu'il partageait, n'osa prendre que faiblement la défense de son camarade. Déjà le sacrificateur brandissait son sabre, quand la neige craqua sous le poids des chariots qui gravissaient péniblement la montagne. C'était un convoi de vivres qui arrivait, et Shandy fut sauvé !

Des affaires contraignirent Lamprière à partir précipitamment pour Londres; il confia son chien aux sapeurs du génie et le quitta avec l'idée qu'il ne le reverrait plus. De Londres il se rendit à Chatam, et fut logé à la caserne de Brompton. Il oublia Shandy et supposa que ce belliqueux animal avait trouvé une mort

glorieuse à l'assaut du Redan ou de la tour
Malakoff. Mais un soir, au détour d'une rue,
un chien se jette au cou de Lamprière et gam-
bade autour de lui; c'est Shandy, revenu
avec les débris du détachement des sapeurs
du génie!

Depuis cette époque, Shandy est l'hôte de
la caserne de Brompton. Il suit les régiments
à l'exercice, assiste aux manœuvres et paraît
sensible aux sons de la musique militaire. Il
reconnaît à merveille les signaux du clairon,
notamment ceux qui annoncent le déjeuner,
le dîner et le goûter. Jamais convive ne fut
plus exact.

Il y a quelque temps Shandy parut à la caserne décoré d'une médaille d'argent qui portait d'un côté son nom, avec ces mots: *Expédition d'Orient*, et de l'autre l'effigie de la
reine Victoria. Quelle main lui avait décerné
cette récompense? On l'ignora d'abord, puis
on découvrit que c'était sir John Burgoyne.
Des voleurs peu scrupuleux enlevèrent au
chien sa médaille; mais son maître lui en
procura une autre, qu'il porte toujours au cou,
suspendue avec un ruban bleu. Shandy se

montre régulièrement à la parade, aussi fier
de sa décoration que peut l'être un soldat de
la médaille de Crimée.

SERVICES RENDUS PAR LES TAUPES [1]

La prévention a longtemps accusé la taupe
d'un mal dont elle était bien innocente. Au
lieu de nuire à l'agriculture, elle peut au
contraire lui rendre d'importants services. Il
en est de même d'autres animaux, tels que
les hérissons, les crapauds, etc., qu'on pour-
suit avec acharnement, sans faire attention
qu'ils sont pour nous d'utiles auxiliaires.

La taupe, dit M. Pouchet, est essentielle-
ment insectivore, et, quoi que l'on en ait dit,
elle ne ronge la racine d'aucun végétal. Sur
plus de deux cents taupes que l'auteur a dis-
séquées, dans le but d'éclairer cette question,
il n'a jamais rencontré de débris de plantes
dans leur estomac, qui était constamment
rempli de fragments d'insectes.

[1] Extrait de la *Mosaïque littéraire.*

Un fait qu'il importe de mettre à la connaissance des agriculteurs, c'est que ce petit insectivore est d'une voracité extrême. M. Flou-
rens a constaté que les taupes expiraient
lorsqu'on les laissait un seul jour sans manger ; et l'auteur a eu l'occasion de reconnaître l'exactitude de ce fait. Une taupe qu'il
possédait dévora successivement, et avec une
extrême gloutonnerie, quinze vers de terre
d'environ trois pouces de long, six mans et
deux hannetons. Un pareil souper ne put la
conduire jusqu'au lendemain ; à huit heures
du matin elle fut trouvée morte d'inanition.
Son autopsie démontra que tout était di-
géré.

Cette voracité, ajoute M. Pouchet, donne la
mesure des services que cet animal peut rendre à l'agriculture, en purgeant la terre d'une
masse d'insectes nuisibles. La taupe ne creuse
ses boyaux ramifiés sous le sol que pour trouver dans le trajet les divers petits animaux
dont elle s'alimente : tel est le but de sa vie
laborieuse. Si elle était une demi-journée
sans rencontrer de nourriture dans un champ,
elle périrait. Aussi, chaque fois que l'agricul-

teur voit les taupes persister dans ses plantations, c'est que les racines des végétaux y
recèlent leur pâture; et là le mammifère com-
pense largement les dégâts qu'il fait, en re-
muant le sol, par le nombre d'insectes des-
tructeurs qu'il anéantit. Le lendemain du jour
où ceux-ci manqueront, la taupe disparaîtra.

Ces faits sont si évidents qu'aujourd'hui,
dans certains pays, les agriculteurs achètent
des taupes pour les placer dans leurs vigno-
bles, lorsqu'ils s'aperçoivent que les mans at-
taquent les raisins de leurs plantations, et ils
le font avec succès.

M. Pleninger a fait remarquer que les mans
se rassemblent en hiver dans les cavités qu'ils
rencontrent, et qu'ils doivent sans doute s'introduire aussi dans les boyaux souterrains
des taupes, dont ils deviennent la pâture,
lorsqu'elles se réveillent de leur engourdisse-
ment hivernal.

FIN.

TABLE

FIN DE LA TABLE

Limoges. — Imp. Eugène Ardant et Cⁱᵉ.

www.ingramcontent.com/pod-product-compliance
Lightning Source LLC
Chambersburg PA
CBHW062003200326
41519CB00017B/4653